PROF. DR. MED. GÜNTER FREUNDL
DR. MED. CHRISTIAN GNOTH
DR. MED. PETRA FRANK-HERRMANN

Kinderwunsch

Neue Wege zum Wunschkind

Inhalt

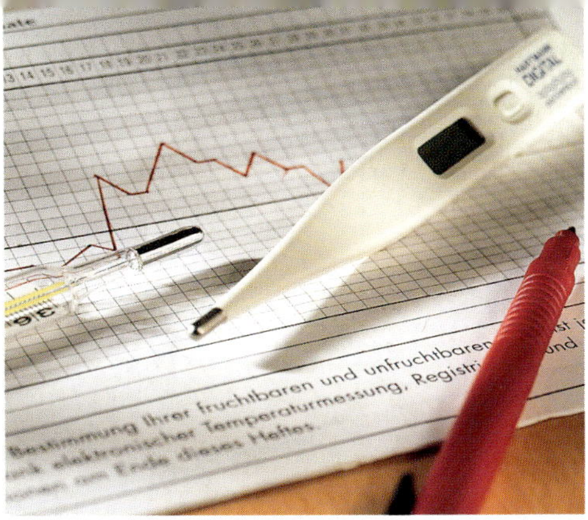

Vorwort

Die meisten Paare sind sich in ihrem Wunsch nach einem Kind einig und liebevoll verbunden. Wenn er sich dennoch nicht erfüllt, ist das zunächst bitter. Häufig haben aber gerade diese Paare in ihrer Liebe eine große Chance, gemeinsam die Enttäuschung zu überwinden. Manchmal aber will auch nur einer von beiden unbedingt – und der andere wagt kaum zu sagen, dass er sich dem nicht gewachsen fühlt, dass er eigentlich gar nicht so unbedingt auch möchte. Und weil er – oder sie – Angst davor hat, das auszusprechen, sich schuldig fühlt, den Vorwurf fürchtet, nicht genug zu lieben, wird zwar mitgemacht, aber oft nicht mit unbelastetem Herzen. Dass dann alle Anstrengungen ohne das gewünschte Ergebnis bleiben, ist erklärbar – und doch ist diese Ursache oft nicht leicht zu erkennen.

Wichtig ist in jedem Fall, dass Ärzte ein Paar, dessen Kinderwunsch sich bisher nicht erfüllen konnte, einfühlsam begleiten. Vielleicht auch einmal dazu raten, diesen unbedingten Wunsch eine Zeit lang ruhen zu lassen. Aus der Verkrampfung herauszufinden und bewusst alles zu vermeiden, was »Liebe nach Plan« bedeuten könnte.

Die Medizin bietet heute viele Möglichkeiten. Alle müssen bedacht und zur richtigen Zeit eingesetzt werden. Das Paar muss mit seinem Wunsch ernst genommen werden. Dennoch sollten alle gemeinsam von Anfang an den Weg so gestalten, dass in jedem Fall das gemeinsame Leben sinnvoll und erfüllt weitergeht.

Ich wünsche Ihnen, dass das vorliegende Buch Sie auf diesem hoffnungsvollen Weg begleiten möge und eine gute Hilfe sein kann.

Ihre Dr. med. Antje-Katrin Kühnemann,

TV-Moderatorin (»Die Sprechstunde«)

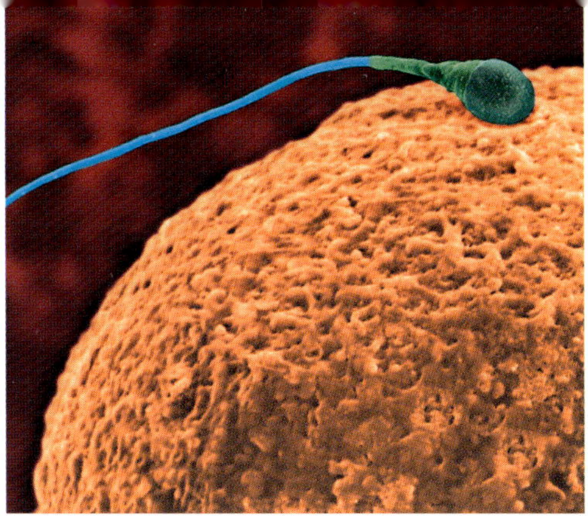

Inhalt

Natürliche Wege zum Wunschkind

Eine Familie zu gründen gehört nicht mehr so selbstverständlich in den Lebensplan, wie das noch für unsere Eltern und Großeltern der Fall war. Welche Bedeutung der Kinderwunsch für viele Frauen und Männer heute hat, beschreibt das folgende Kapitel. Und auch, welche körperlichen Vorgänge bei Frau und Mann ablaufen müssen, damit dieser Wunsch sich erfüllen kann.

Möglicherweise steht Ihrem Kinderglück eine körperliche oder seelische Barriere im Weg. Bevor Sie jedoch die Möglichkeiten der modernen Medizin in Anspruch nehmen, können Sie zuerst das Naheliegendste versuchen: Ihren Körper und Ihre Fruchtbarkeit beobachten.

Mit Hilfe der Natürlichen Familienplanung können Sie körperliche Veränderungen und Signale Ihrer Fruchtbarkeit ganz bewusst wahrnehmen – und dabei vielleicht auf natürlichem Wege Ihrem Wunschkind näher kommen.

Der Wunsch nach einem Kind

»Wir wünschen uns ein Kind!« Viele Frauen und Männer haben bereits mehrere Jahre lang verhütet, bevor sie diesen Wunsch zum ersten Mal äußern und ihn gern in die Tat umsetzen möchten.

Kinder zu haben, eine Familie zu gründen – das ist heute nicht mehr etwas, was zwingend zum Leben gehört. Allgemein hat sich der Zeitpunkt des Kinderwunsches im Lebensplan einer Frau im Vergleich zu früheren Generationen nach hinten verschoben. Die meisten Frauen und Männer wollen zunächst eine Ausbildung oder ein Studium absolvieren, bevor sie an eine Familie denken. Anschließend steht oft zuerst einmal die berufliche Entwicklung und Stabilisierung im Vordergrund. Auch die Partnersuche selbst ist heute für viele Menschen nicht mehr – wie in früheren Generationen – mit Anfang 20 abgeschlossen: Die Ansprüche an den Partner sind gestiegen. Nicht zuletzt ist es auch schwieriger geworden, einen Menschen zu finden, der – bei der Vielzahl aller vorhandenen Möglichkeiten – ähnliche Vorstellungen von einer gemeinsamen Zukunft hat wie man selbst.

Bereits ab Mitte 30, spätestens aber mit dem 40. Lebensjahr lässt bei den meisten Frauen die Fruchtbarkeit nach – ein Kind zu bekommen wird nun immer schwieriger.

Doch früher oder später beginnt die biologische Uhr zu ticken. Vor allem bei der Frau sinkt ab einem bestimmten Alter die Chance auf ein eigenes Kind rapide. Unter diesem Druck kann der Wunsch nach einer Schwangerschaft schnell drängend und übermächtig werden.

Warten und hoffen

Manchmal können Paare den Zeitpunkt, ab dem sie sich ein Kind gewünscht haben, gar nicht mehr so genau angeben. Sie haben vielleicht irgendwann einfach nicht mehr so entschlossen verhütet. Sie haben es »darauf ankommen lassen« – und stellen möglicherweise nach einiger Zeit verwundert fest, dass sich trotzdem nichts getan hat. Andere Paare können dagegen den Moment, seit dem sie sich eine Familie wünschen, ziemlich genau angeben. Sie sind vielleicht schon nach den ersten zwei oder drei erfolglosen Monaten sehr enttäuscht, dass sich ihr Kinderwunsch nicht sofort erfüllt. Dabei ist es manchmal schon nützlich, mehr über die Hintergründe der Fortpflanzung zu erfahren. Denn es ist oft ganz normal, dass es nicht gleich »klappt«. Viele Frauen – aber auch Männer – reagieren schnell panisch oder depressiv, wenn sich das Wunschkind nicht sofort anmeldet. In einer solchen Situation beschäftigt sich das Paar oft so intensiv mit dem Wunsch nach einem Baby, dass die gemeinsame Beziehung dabei in den Hintergrund tritt.

Nichts verändert eine Partnerschaft so sehr wie die Geburt eines Kindes. Sie sollten sich darum einig sein, dass Sie beide ein Baby möchten.

Eltern sein – möchten das wirklich beide?

Manchmal ist sich ein Paar über die Dringlichkeit seines Kinderwunsches gar nicht so einig, wie es nach außen hin scheint: Einer der Partner lehnt vielleicht unbewusst den unbedingten Kinderwunsch ab – weil er möglicherweise spürt, dass dieser auch zerstörerisch wirken kann: Nicht selten leidet die Paarbeziehung darunter, die Lebensfreude lässt nach, oder der Kontakt zu Freunden verschlechtert sich. Daraufhin kommt es nicht selten zu Streitereien und gegenseitigen Vorwürfen.
Unter Umständen fühlt sich auch einer der Partner einfach der Verantwortung und all den Konsequenzen nicht gewachsen, die ein Kind mit sich bringt – wagt aber nicht, seine Zweifel auszusprechen. Auch die Lust bleibt in einer solchen Situation schnell auf der Strecke, denn betroffene Paare erleben Sex bald nicht mehr ungezwungen und spontan: Schließlich geht es nicht mehr um das lustvolle Genießen, sondern darum, etwas zu »leisten«.

Auswege und Lösungsmöglichkeiten

Wir möchten Ihnen in diesem Kapitel Möglichkeiten aufzeigen, wie Sie sich auf »natürlichem« Weg Ihren Kinderwunsch erfüllen können. Sollte das nicht möglich sein, erfahren Sie in den folgenden Kapiteln auch, welche medizinischen Möglichkeiten es in der Kinderwunschtherapie heute gibt. Und, wie Sie sich gut auf eine medizinische Behandlung und deren Ergebnis – ob Erfolg oder auch Misserfolg – vorbereiten und einstellen können.
Dieses Buch soll Ihnen helfen, selbst kompetenter zu werden. So wird es Ihnen leichter fallen, Ihre Eigenständigkeit zu bewahren und sich aktiver an medizinischen Behandlungen zu beteiligen.

Wie wichtig ist ein Baby für die Frau?

Die meisten Frauen identifizieren sich heute nicht mehr ausschließlich über eine Rolle als Ehefrau und Mutter. Wichtig für ihr Selbstbild sind unter anderem soziale Kontakte und auch der berufliche Erfolg. Nicht zuletzt spielt auch die Anerkennung beim anderen Geschlecht eine Rolle für das Selbstbewusstsein. Neben diesen Aspekten ist aber auch die biologische »Funktionsfähigkeit« ihres Körpers wichtig: Bleibt eine Frau über eine längere Zeit ungewollt kinderlos, erlebt sie ihren Körper oft als etwas, das versagt. Sie hält sich für weniger wertvoll, weil sie als Frau nicht die »normale Leistung« erbringt.

Die Hauptursache für ungewollte Kinderlosigkeit ist heute der späte Zeitpunkt des Kinderwunsches: Die meisten Frauen nehmen sich erst einmal einige Jahre Zeit, um sich nach Ausbildung oder Studium in ihrem Beruf zu etablieren. Auch die Partnersuche dauert nicht selten einige Jahre – und danach folgt vielleicht die bewusste Entscheidung, die Liebesbeziehung noch eine Zeit lang unbeschwert von familiärer Verantwortung zu genießen. Eine weitere Ursache für den späten Kinderwunsch: Frauen müssen sich auch heute oft noch entweder für eine berufliche Karriere oder für ein Leben als Mutter entscheiden. Auch wenn inzwischen die gesellschaftliche Entwicklung beginnt, dem Wunsch nach der Vereinbarkeit von Beruf und Familie Rechnung zu tragen: Die Realität zeigt leider immer noch, dass es für viele Frauen sehr schwierig oder gar unmöglich ist, Berufstätigkeit und Kinder miteinander zu vereinbaren. All dies trägt dazu bei, den Kinderwunsch im Leben einer Frau weiter nach hinten zu schieben.

Es gibt heute viele Möglichkeiten, ein glückliches und erfülltes Leben zu führen. Die Freiheit, unter mehreren Lebensentwürfen zu wählen, ist sehr schön – kann aber auch Angst machen und unter Druck setzen.

Ab Mitte 30, spätestens aber bei Frauen ab 40 verschlechtern sich die Chancen auf eine Schwangerschaft oft rapide. Man muss einfach länger »probieren«, bevor es klappt. Günstig wäre, wenn die Frau sich Zeit lassen und ohne inneren und äußeren Druck Sex haben könnte – aber genau das scheint in dieser Situation oft unmöglich: Denn gerade Zeit hat eine Frau in diesem Alter eben nicht mehr so viel.

Den eigenen Körper bewusst erleben

Falls Sie momentan trotz Kinderwunsch nicht schwanger werden, heißt das nicht unbedingt, dass Sie unfruchtbar sind. Für die meisten Frauen ist es möglich, ihre körperliche Fruchtbarkeit zu erleben – auch, wenn sich gerade kein Kind einstellt! Ihr Körper sendet immer wieder Signale aus, die Ihnen zeigen, ob Sie gerade fruchtbar sind oder nicht. Wir

Egal, in welcher Lebensphase: Sich ihrer weiblichen Identität bewusst zu werden kann für eine Frau sehr bereichernd sein.

möchten Ihnen helfen, diese Körpersignale intensiver wahrzunehmen und sie zu deuten. Sie können dadurch Ihre Fruchtbarkeit bewusst körperlich und emotional erleben. Und dieses Wissen kann Sie vielleicht sogar dabei unterstützen, sich Ihren Kinderwunsch zu erfüllen.

Natürlich zum Ziel

Mit Hilfe der so genannten Natürlichen Familienplanung (NFP) haben Sie die Möglichkeit, neuen Zugang zu Ihrem Körper zu gewinnen (siehe ab Seite 25). Sie erleben so vielleicht noch stärker als bisher, dass Ihr Körper »mal so und mal so« ist. Doch Sie werden auch erfahren, dass diese Schwankungen meist völlig normal sind. Bei keiner Frau ist die Fruchtbarkeit eine gleich bleibende Größe, sondern einmal mehr, dann wieder weniger vorhanden. Ihr Körper gibt Ihnen ständig Hinweise darauf, ob Sie gerade fruchtbar sind oder nicht: Und Sie können lernen, diese Signale zu deuten. Dies alles zu wissen und täglich bewusst zu spüren kann Ihr Selbstbewusstsein als Frau enorm stärken. Oft wirkt sich das auch sehr positiv auf die Paarbeziehung aus.
Gute Körperkenntnisse nützen Ihnen außerdem für den Fall, dass Sie sich in medizinische Behandlung begeben. Frauen, denen ihre eigenen Körperfunktionen vertraut sind, fühlen sich der Behandlung nicht so ausgeliefert. Mehr noch: Mit Hilfe Ihrer Körperkenntnis können Sie sich unnötige Untersuchungen ersparen und helfen, Fehldiagnosen zu vermeiden (siehe ab Seite 105).
Ihren Körper gut zu kennen kann Ihnen also helfen, Selbstbewusstsein zu gewinnen und Unabhängigkeit zu bewahren. Sehen Sie die Natürliche Familienplanung deshalb als eine Einladung an, Ihren Körper näher kennen zu lernen – und als eine hilfreiche Methode, die Sie auf Ihrem Weg zum Wunschkind begleiten kann.

Was Fruchtbarkeit für den Mann bedeutet

Oft scheinen bei einem unerfüllten Kinderwunsch betroffene Männer nicht so stark zu leiden wie die Frauen. Das mag zum einen daran liegen, dass ein Mann das Ausbleiben einer Schwangerschaft nicht so unmittelbar empfindet wie eine Frau. Ebenso wie ja auch das Empfangen, Austragen und Gebären eines Kindes die Mutter viel direkter und »körperlicher« betrifft als den Vater.
Darüber hinaus bringen Frauen ihre Gefühle oft aber auch einfach deutlicher zum Ausdruck – während ein Mann, der unter der ungewollten Kinderlosigkeit vielleicht ebenso leidet wie seine Partnerin, nach außen hin Stärke zur Schau trägt und sich in andere Lebensbereiche »flüchtet«, etwa den Beruf. Das wiederum ist für einen Mann meist immer noch etwas einfacher als für eine Frau, da er sein Selbstbewusstsein traditionell zu einem großen Teil aus Leistung, beruflichem Erfolg und einer gelungenen Karriere zieht.

Was trägt zum Selbstbild eines Mannes bei?

Beruflicher Erfolg ist sehr wichtig für das Selbstwertgefühl eines Mannes. Ebenso die soziale Situation: ob ein Mann Freunde hat, wie er sich mit ihnen versteht, ob er in seinem Arbeitsumfeld akzeptiert wird. Anerkennung und Erfolge beim anderen Geschlecht tragen ebenfalls zum Wohlbefinden eines Mannes bei. Auch die körperliche Funktionsfähigkeit, etwa im sportlichen Wettbewerb oder im Hinblick auf die Zeugungsfähigkeit, ist einem Mann wichtig.

Viele Männer scheinen äußerlich leichter als ihre Partnerinnen mit dem unerfüllten Kinderwunsch fertig zu werden. Manchmal verdrängen sie aber ihre Enttäuschung und Traurigkeit einfach nur mehr. In diesen Fällen kann eine Psychotherapie hilfreich sein (siehe ab Seite 89 und ab Seite 146).

Die Bedeutung des Körpers

Solange der Körper gut funktioniert, wird sein Zustand dem Mann nicht bewusst: Mann verfügt über ihn, trainiert ihn vielleicht, freut sich über seine Leistungsfähigkeit und versucht sich einigermaßen gesund zu ernähren, wobei – bei Männern häufiger als bei Frauen – die gesunde Ernährung durchaus auch einmal zu kurz kommen kann. Ein gewisses Maß an Stress tut auch dem Körper gut und trägt allgemein zum Wohlbefinden bei. Was genau im Körper abläuft, ist für die meisten Männer nicht so interessant und wird von ihnen oft nicht so bewusst wahrgenommen wie von Frauen. Zumal der Mann ja auch nicht jeden Monat aufs Neue durch zyklische Ereignisse an die Funktion und damit die Existenz seines Körpers erinnert wird.

Auf die richtige Balance kommt es an

Auch Männer müssen heute den vielfältigsten Anforderungen gerecht werden.

Jeder Mann empfindet sich und seinen »Wert« unterschiedlich: je nachdem, wie wichtig jeder dieser Bereiche für ihn ist. Das persönliche Wohlbefinden hängt vor allem davon ab, dass die verschiedenen Lebensbereiche möglichst ausgewogen nebeneinander stehen: also weder als übermäßig wichtig empfunden noch zu sehr vernachlässigt werden. Vergleicht man diese Faktoren mit denen, die das Selbstbild einer Frau prägen (siehe ab Seite 12), so sind die Prioritäten bei Männern oft etwas anders gelagert. Nach wie vor spielt für die meisten Männer die Arbeit eine sehr wichtige Rolle: Für manchen ist es der Idealberuf, in dem er völlig aufgeht. Es bleibt dann oft zu wenig Zeit, um über sich selbst, die Partnerschaft und etwas anderes als den Beruf nachzudenken. In der modernen Gesellschaft verwischen sich diese Unterschiede zwischen Männern und Frauen teilweise schon – auch Frauen wollen oder müssen sich heute ähnlich wie die Männer im Arbeitsleben behaupten. Dennoch tragen die »kleinen Unterschiede« dazu bei, dass auch beim Kinderwunsch oft eine etwas unterschiedliche Gewichtung gesetzt wird.

»Mein Haus, mein Baum, mein Sohn ...«

Ein Mann sollte in seinem Leben ein Haus bauen, einen Baum pflanzen und einen Sohn zeugen – dieser klassische Spruch drückt aus, was früher von Männern erwartet wurde. Und was viele Männer auch heute noch meinen, leisten zu müssen, wenn auch in mancher Hinsicht in übertragenem Sinne. Bleibt das erwünschte Kind in einer Partnerschaft aus, empfinden Männer dies häufig als persönliches Versagen: Sie erleben die Kinderlosigkeit als »nicht erbrachte Leistung«. Viele Männer schweigen und verdrängen ihre Gefühle. Aus Angst vor der Enthüllung, die Kinderlosigkeit könne tatsächlich an ihnen liegen, scheuen sich manche Männer, überhaupt zum Arzt zu gehen.
Andererseits ist in modernen Partnerschaften auch einiges in Bewegung geraten. Klassische Rollenaufteilungen lösen sich auf. Im Spannungsfeld von Selbst und Umwelt, von eigenen Bedürfnissen und denen der Partnerin müssen Männer ihren Platz finden. Das kann heißen, sich verantwortungsbewusst und offen mit der Partnerin auseinander zu setzen, die sich ein Kind wünscht, während Mann vielleicht – noch – keines möchte. Es kann aber auch bedeuten, zum eigenen Kinderwunsch zu stehen und eventuell unkonventionelle Familienkonzepte umzusetzen: Auch Männer können Erziehungsurlaub nehmen.

Grundlagen der Fortpflanzung

Sich fortzupflanzen bedeutet, Leben zu erhalten. Schon die biblische Schöpfungsgeschichte zeigt die große Bedeutung, die der Fortpflanzungsfähigkeit zu allen Zeiten beigemessen wurde. Und in nahezu allen Kulturkreisen bitten Menschen mit Einweihungsriten und Hochzeitszeremonien um spätere Fruchtbarkeit.
Früher konnten die Menschen wohl nicht ahnen, welch kompliziertes Zusammenspiel verschiedenster Körperfunktionen sich hinter einer Zeugung verbirgt. Doch auch heute, wo viele Rätsel um diesen komplexen Prozess gelöst sind, ist die Entstehung neuen Lebens ein Wunder, das Menschen fasziniert und bewegt.

Gene überleben und werden unsterblich

Eizellen und Spermien sind für ihre Fortpflanzungsaufgabe ganz besonders ausgestattet: Sie »können« mehr als andere Zellen.

In der Mitte des 19. Jahrhunderts erkannten Wissenschaftler erstmals, dass Samen- und Eizelle verschmelzen müssen, damit sich neues Leben entwickelt. Samen- und Eizelle sind spezialisierte Zellen. Das Besondere an ihnen: Im Gegensatz zu den übrigen Zellen des menschlichen Körpers tragen sie nur einen einfachen Chromosomensatz. In allen anderen Körperzellen liegt die genetische Botschaft doppelt vor: im doppelten Chromosomensatz von 23 Paaren, also 46 Chromosomen.
Verschmelzen Ei- und Samenzelle, entsteht eine neue Mutterzelle. Sie enthält nun wieder einen doppelten Chromosomensatz, zu einer Hälfte mütterlichen, zur anderen väterlichen Ursprungs. Leben erhalten heißt also, Gene weiterzugeben und neu zu kombinieren.

Das passiert im Körper einer Frau

Mit der ersten Menstruation beginnt für Frauen die fruchtbare Lebensphase – für viele Mädchen heute bereits mit 12 Jahren. Spätestens bis zum 16. Geburtstag sollte ein Mädchen die erste Regel bekommen haben. Entscheidend dafür ist offenbar eine kritische Gewichtsgrenze von etwa 43 bis 46 Kilogramm.
Jede Menstruation leitet einen neuen, etwa vier Wochen dauernden Zyklus ein. Dabei reifen im Eierstock der Frau Eizellen heran. Zu Beginn der Geschlechtsreife enthalten die Eierstöcke etwa 400 000 Eizellen. Davon kommen insgesamt etwa 400 bis 450 Eizellen zum Eisprung. Alle anderen gehen im Laufe der Zeit zugrunde.

Die Macht der Hormone: Was den weiblichen Zyklus »antreibt«

Wahrscheinlich wissen Sie bereits, dass Hormone für die Fortpflanzung eine unentbehrliche Rolle spielen. Mit Hilfe dieser Botenstoffe koordiniert der Körper die vielen verschiedenen Schritte, die für die Entstehung neuen Lebens nötig sind.

Auch der Monatszyklus der Frau wird durch Hormone gesteuert: Zunächst schüttet das Zwischenhirn ein übergeordnetes Steuerhormon aus, das Gonadotropin-Releasing-Hormon (GnRH). Dieses Hormon gibt der Hirnanhangsdrüse ein Signal, auf das hin sie gleich zwei weitere Hormone ausschüttet: das Follikelstimulierende Hormon (FSH) und das Luteinisierende Hormon (LH). Diese beiden Hormone wirken direkt auf die Eierstöcke: Sie bringen dort die Eizellen zur Reife und lösen später den Eisprung aus. Und die Eierstöcke »antworten« auf die Wirkung dieser Hormone: Sie beginnen ebenfalls Hormone zu produzieren, und zwar Östrogen und Progesteron. Diese so genannten weiblichen Geschlechtshormone melden dem Gehirn, wann es die Produktion der Steuerhormone (GnRH, FSH und LH) wieder drosseln kann (siehe auch die Grafik auf Seite 19).

Das Zusammenspiel mehrerer Hormone macht einen reibungslosen Ablauf innerhalb des Zyklus erst möglich.

Vorbereitungen für einen wichtigen Schritt

Bereits drei Monate, bevor eine von ihnen zum Eisprung kommt, bereiten sich etwa 30 bis 40 Eizellen im Eierstock darauf vor. Die Eizellen liegen nicht ungeschützt im Eierstock. Eine Schicht kleiner Zellen umgibt sie, die so genannten Granulosazellen. Alles zusammen – Eizelle, Granulosazellen und umgebendes Bindegewebe – nennt man Eibläschen (Follikel). Die Granulosazellen regulieren zum einen den kom-

In der Vergrößerung erinnert das Östrogenkristall an die perfekte Schönheit eines wertvollen Edelsteins.

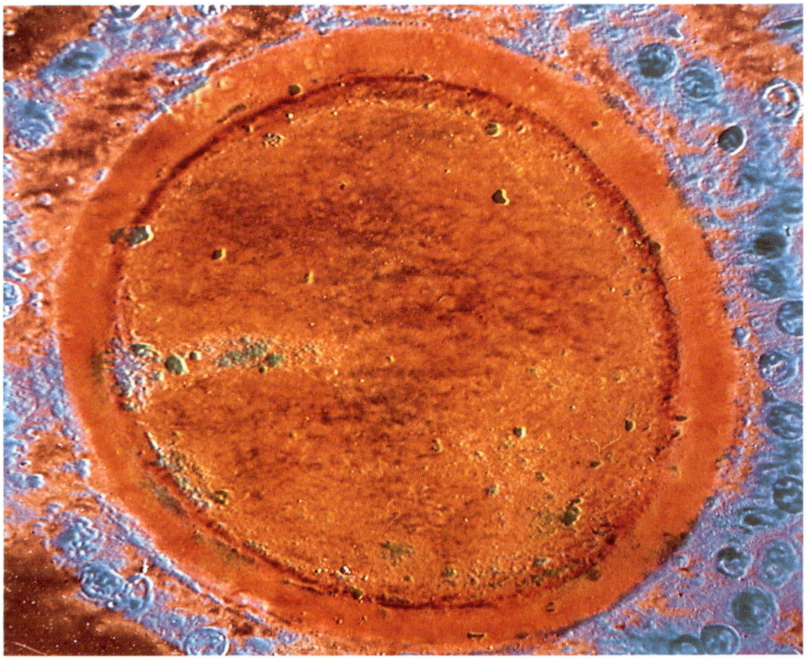

Die Eizelle ist von einer Hülle umgeben, die sie schützt und außerdem für den Stoffaustausch zwischen der Eizelle und dem Gewebe um sie herum sorgt.

pletten Stoffaustausch zwischen der Eizelle und dem umliegenden Gewebe. Zum anderen helfen sie, eine schützende Hülle um die Eizelle herum zu bilden, die so genannte Zona pellucida.
Im Laufe der Zeit entsteht im Eibläschen ein mit Flüssigkeit gefüllter Hohlraum. Nach knapp drei Monaten ist das Eibläschen dann im Ultraschall recht deutlich sichtbar. Es ist jetzt etwa 3 bis 6 Millimeter groß. Ganz am Rand des Eibläschens sitzt die Eizelle. Sie ist winzig klein (nur etwa 0,15 Millimeter groß). Etwa von diesem Zeitpunkt an sind die Eibläschen auch empfindlich für die Wirkung der Hormone LH und FSH (siehe Seite 17).

Die Eizelle selbst macht nur einen winzigen Teil des Eibläschens aus.

Was in der ersten Zyklushälfte geschieht

So paradox es klingen mag, im Eierstock werden zu Beginn des Zyklus zunächst vor allem männliche Geschlechtshormone gebildet: Der Spiegel der männlichen übersteigt den der weiblichen Geschlechtshormone zu diesem Zeitpunkt etwa um das Zehnfache!
Erst durch die Aktivität des Steuerhormons FSH wird in den Granulosazellen aus den männlichen Geschlechtshormonen das weibliche Geschlechtshormon Östrogen gebildet. Dieses wirkt hauptsächlich auf die Brustdrüse, die Gebärmutter und die Scheidenhaut. Darüber hinaus hat das Östrogen aber auch starke Wirkungen auf unterschiedliche Regionen im Gehirn.

Zu Beginn des Monatszyklus reifen unter dem Einfluss des Hormons FSH viele Eibläschen heran. Die meisten reifen jedoch gar nicht vollständig aus. Normalerweise erreicht nur ein einziges Eibläschen die Sprungbereitschaft, man spricht dann vom dominanten Eibläschen. Dieses wird ungefähr 2 bis 2 1/2 Zentimeter groß.
Während die Eibläschen heranreifen, verändert sich die Schleimhaut in der Gebärmutter und im Gebärmutterhals. Unter dem Einfluss von Östrogen bildet sich mehr und mehr Gebärmutterhalsschleim. Der Höhepunkt ist kurz vor dem Eisprung erreicht: Der Gebärmutterhalsschleim, auch Zervixschleim genannt (siehe ab Seite 31), ist jetzt wässrig, sehr spinnbar und reich an Eiweißen, Salzen und Glukose. Das ist

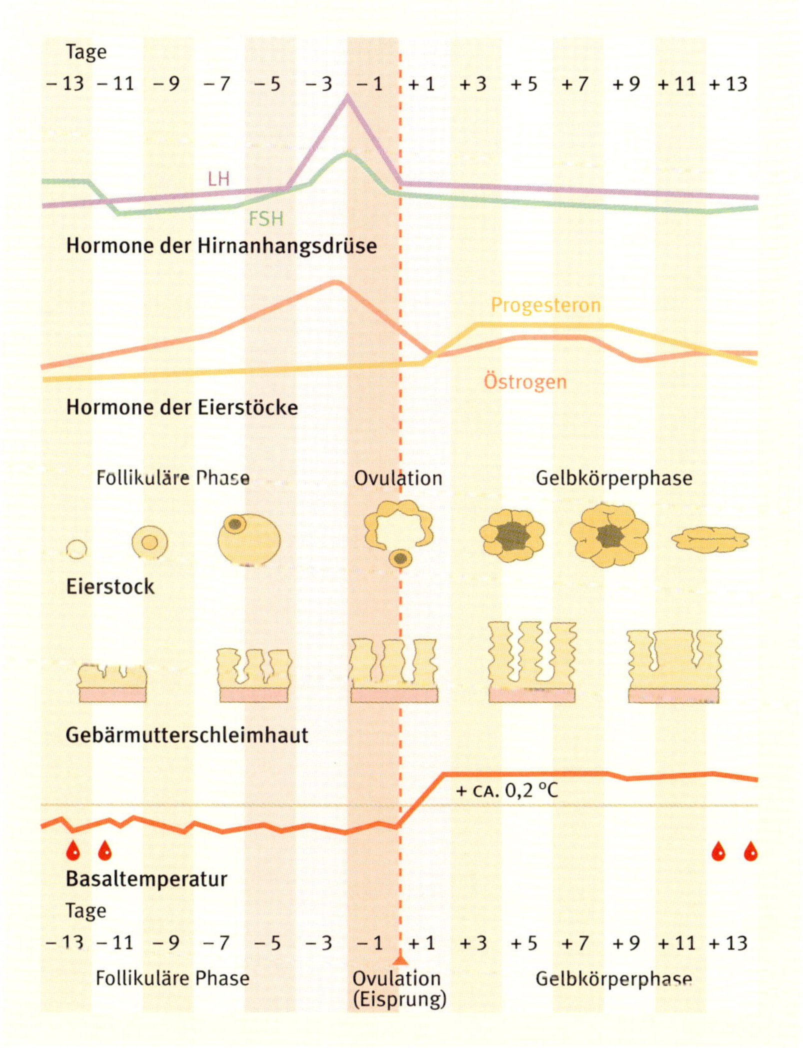

Ein Zusammenspiel mehrerer hormoneller Abläufe reguliert den Zyklus: Die Hormone LH und FSH wirken auf die Eierstöcke und lösen so den Eisprung aus. Die Eierstöcke produzieren Östrogen und Progesteron. Beide Hormone sind unter anderem wichtig, um die Einnistung einer befruchteten Eizelle zu ermöglichen.

günstig für eindringende Spermien: In diesem Milieu können sie bis zu fünf – in Ausnahmefällen sogar bis zu sieben – Tagen überleben und auf den Eisprung warten. Der Gebärmutterhalskanal selbst öffnet sich und wird weich. All diese Bedingungen erleichtern den Spermien das Eindringen in die Gebärmutter.

Vorläufiger Höhepunkt: der Eisprung

Nur etwa 12 bis 18 Stunden ist eine Eizelle befruchtungsfähig.

Ein für eine gewisse Zeit stark erhöhter Östrogenspiegel im Blut ist das entscheidende Signal für die Hirnanhangsdrüse, nun vermehrt LH auszuschütten: Das wiederum löst den Eisprung aus. Er erfolgt etwa 24 bis 36 Stunden später. In der Zwischenzeit legt sich der Eileiter mit seinem trichterförmigen Ende um das sprungreife Eibläschen. In diesen Trichter springt dann die Eizelle. Beinahe 400-mal wiederholt sich der Eisprung im Leben einer Frau – Monat für Monat.
Daneben findet ein anderer entscheidender Vorgang statt: Die vermehrte LH-Produktion veranlasst die Eizelle, einen ersten Teil ihrer noch in doppelter Kopie vorliegenden genetischen Botschaft auszuschleusen: als erstes Polkörperchen der Eizelle, das auch sichtbar ist. Dieses Polkörperchen enthält die eine der beiden Kopien des genetischen Materials, die für die weitere Funktion der Eizelle nicht mehr nötig ist. Aus der »Nachricht«, die es beinhaltet, können Rückschlüsse auf die genetische Beschaffenheit der Eizelle gezogen werden.

Die Einnistung wird vorbereitet

Damit sich eine befruchtete Eizelle auch in der Gebärmutter einnisten kann, muss dort ein ganz bestimmtes Milieu herrschen.

Nach dem Eisprung verändert sich der Zervixschleim dann rasch wieder, so dass die Spermien nicht mehr in ihn eindringen können. Die Zeit einer möglichen Befruchtung ist damit vorbei. Jetzt bereitet sich der Körper der Frau mit verschiedenen Vorgängen darauf vor, dass sich möglicherweise ein befruchtetes Eibläschen in der Gebärmutter einnisten will.
Unmittelbar nach dem Eisprung entwickelt sich aus den im Eierstock verbliebenen Granulosazellen und Bindegewebszellen der so genannte Gelbkörper, ein Zellverband aus dunkelgelben Zellen. Im Gelbkörper wird zusätzlich das Hormon Progesteron gebildet. Gemeinsam mit dem Östrogen entscheidet es über das weitere Schicksal einer befruchteten Eizelle. Beide Hormone sind nämlich verantwortlich für das Milieu in der Gebärmutter und für die erfolgreiche Einnistung. Nur an etwa fünf bis sieben Tagen pro Zyklus sind alle Bedingungen in der Gebärmutter für die Einnistung einer befruchteten Eizelle ideal. Diese Zeit bezeichnet man auch als »fertiles Fenster«. Außerhalb dieses »Fensters« sind die Bedingungen für den Embryo in der Gebärmutter sogar ausgesprochen feindlich.

Die anschließende Gelbkörperphase dauert in der Regel 12 bis 16 Tage (siehe auch Seite 48). Hat sich in dem Zyklus kein Embryo in die Gebärmutterschleimhaut eingenistet, setzt nach dieser Zeit die Menstruationsblutung ein. Der aktuelle Zyklus ist damit beendet – und ein neuer beginnt.

Und was passiert im Körper eines Mannes?

Auch beim Mann steuern die Hormone FSH und LH (siehe ab Seite 17) die für die Fortpflanzung nötigen Prozesse. Sie sind wichtig für die Entwicklung der Samenzellen: Das Luteinisierende Hormon (LH) bewirkt, dass sich in den Hoden das männliche Geschlechtshormon Testosteron bildet. Bei einem gesunden Mann werden pro Tag unter dem Einfluss von FSH und Testosteron etwa 100 Millionen Spermien produziert. Das heißt etwa 1 000 Spermien pro Sekunde. Auch beim Mann dauert es ungefähr drei Monate, bis sich aus einer unreifen Geschlechtszelle ein reifes Spermium entwickelt hat.

Die Samenzelle: eine Menge genetischer Information auf engstem Raum.

Die unreifen Geschlechtszellen sitzen am äußeren Rand des Samenkanälchens, die reifen Spermien liegen in der Mitte. Während des Reifungsprozesses kommt es zu speziellen Zellteilungen. Wenn diese abgeschlossen sind, enthält eine reife Samenzelle – ebenso wie die weibliche Eizelle – nur noch den einfachen Satz der genetischen Botschaft, also 23 Chromosomen.

Das gesamte genetische Material befindet sich für den Transport dicht verpackt im Spermienkopf. Ein Spermium ist etwa 6 Hundertstelmillimeter lang. Es besteht aus einem Kopf mit Kappe, dem Halsstück, dem Mittelstück und einem schnell schlagenden Schwanz. Für die normale Entwicklung der Spermien ist es wichtig, dass die Temperatur im Hoden etwa 2 °C unter der Körpertemperatur liegt.

Anspruchsvolle Massenproduktion

Man nimmt heute an, dass von den geschätzten 30 000 bis 40 000 Genen eines Mannes allein 1 000 bis 4 000 Gene nur für die Produktion von Spermien benötigt werden. Das zeigt, wie kompliziert – und auch wie störanfällig – die Bildung der Spermien ist. Es erklärt auch, weshalb normalerweise nur etwa die Hälfte der Spermien eines Mannes normal geformt und damit funktionstüchtig sind.

Nach der Produktion müssen die Spermien noch einige Zeit in den Nebenhoden ausreifen. Bei jedem Samenerguss werden circa 2 bis 5 Milliliter Samenflüssigkeit ausgestoßen, die etwa 100 bis 500 Millionen Spermien enthalten.

Wettlauf der Spermien: Nur eines kann gewinnen …

Um eine Eizelle befruchten zu können, müssen die Spermien einen schwierigen Weg zurücklegen. Das erklärt, warum die Spermienqualität ein so wesentlicher Faktor bei der Entstehung eines Kindes ist (siehe auch ab Seite 124).

Wenn sich Spermien und Eizelle im Trichter des Eileiters begegnen, kommt es zur Befruchtung. Die Spermien haben nicht viel Zeit, denn eine Eizelle ist nur etwa 12 bis 18 Stunden befruchtungsfähig. Nach dem Samenerguss trennen die Spermien noch 16 bis 18 Zentimeter von ihrem Ziel. Die schnellsten brauchen für den gesamten Weg weniger als eine halbe Stunde: Zunächst müssen sie bis in die Gebärmutterhöhle schwimmen. Nur bei günstigen Bedingungen können ausreichend viele Spermien den 4 Zentimeter langen Weg schaffen.
Zum Glück müssen sich die Spermien auf diesem beschwerlichen Weg nicht allein auf ihre Ausdauer verlassen. Die Muskulatur der Gebärmutter und des Eileiters baut eine Sogwirkung zu der Seite auf, an der der Eisprung stattgefunden hat. Trotzdem scheitern schlechte Schwimmer unter den Spermien an dieser Strecke.
Einige Spermien bleiben zunächst in den Nischen der Gebärmutterhalsschleimhaut. Von dort schwimmen sie erst nach einigen Stunden oder Tagen Pause weiter. Diese Verzögerungstaktik erhöht die Chance, dass irgendwann ein Trupp Spermien tatsächlich die befruchtungsfähige Eizelle antrifft.

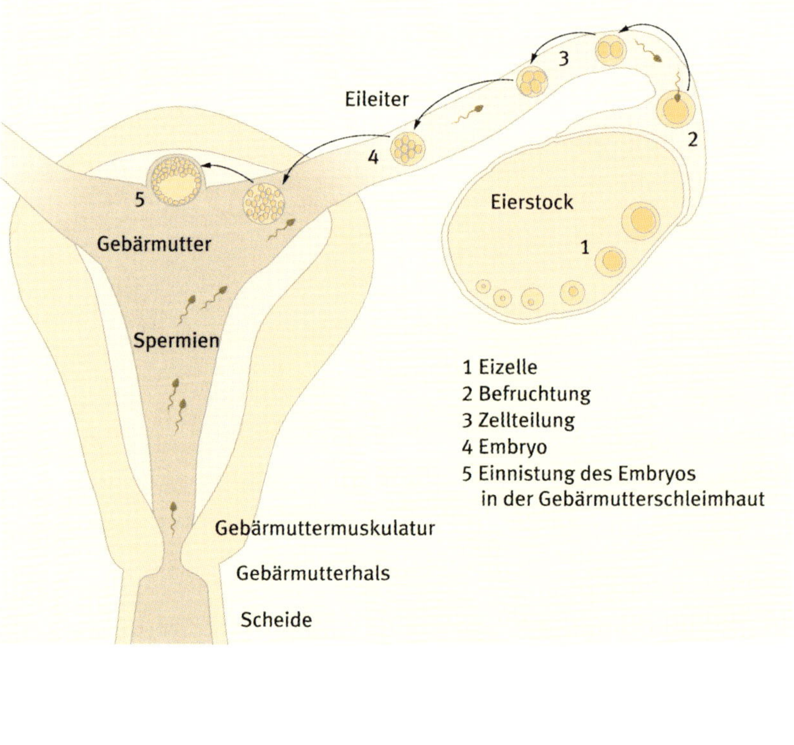

Diese Grafik zeigt den Weg, den die Spermien von der Scheide bis zur Eizelle nehmen – und was nach der Befruchtung mit der Eizelle geschieht.

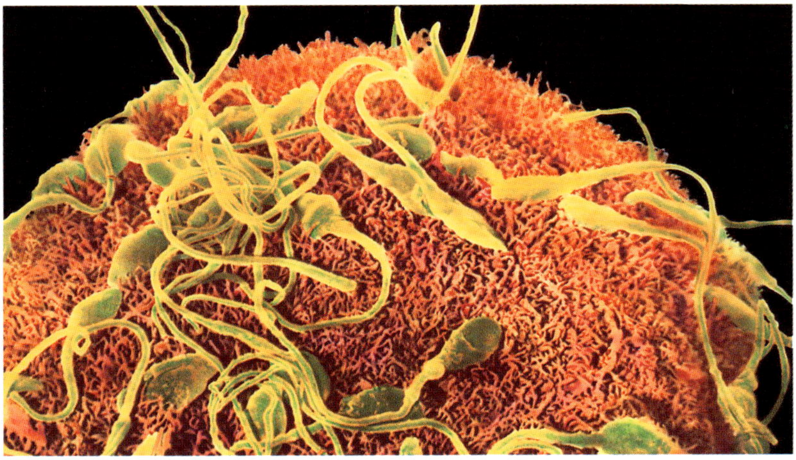

Das Finale eines anstrengenden Wettlaufs: Nur ein einziges Spermium wird in die Eizelle eindringen und sie befruchten.

Ausdauernd und zielgerichtet: Spermien als flexible Langstreckenläufer

Auf ihrem Weg zur Eizelle verändern die Spermien ihre Eigenschaften. Diese Veränderungen betreffen hauptsächlich die Zellmembran der Spermienkappe, die »brüchig« wird. Nur die schnellsten und ausdauerndsten Spermien begegnen schließlich einer befruchtungsfähigen Eizelle im Trichter des Eileiters.

Um die Eizelle zu befruchten, muss eine ganze Armee von Spermien tätig werden: etwa 100 000 gut bewegliche »Kämpfer« pro Eizelle. Die Eizelle ist nämlich nicht »nackt«: Sie ist noch umgeben von der Eizellhülle und einer dicken Granulosazellschicht (siehe ab Seite 17). Aus der brüchig gewordenen Kappenmembran entleeren die Spermien Eiweißkörper. Diese lösen die Granulosazellschicht der Eizelle auf. Nach und nach fallen nun die Zellschichten ab. Die Spermien können jetzt in die Eizellhülle eindringen.

Bei einer Befruchtung laufen viele zellbiologische Vorgänge nacheinander ab.

Spannend bis zum Schluss: Wer wird der Sieger?

Meistens gelingt es mehreren Dutzend Spermien zugleich, die Schale zu durchbohren. Doch nur die Zellmembran eines einzigen Spermiums verschmilzt mit der Membran der Eizelle. In diesem Moment sind auch bezüglich des Geschlechts die Würfel gefallen: Bringt das Spermium als Geschlechtschromosom ein X-Chromosom mit, wird das Baby ein Mädchen. Bringt das Spermium ein Y-Chromosom mit, wird es ein Junge. Sobald das Gewinnerspermium in die Eizelle eingedrungen ist, verändern sich die Eigenschaften der Eizellmembran: Sie wird schwerer durchdringbar. Alle übrigen Spermien werden so ausgeschlossen.

In wenigen Tagen von der Zelle zum Embryo: ein faszinierender Countdown

Etwa 18 bis 20 Stunden nach der Befruchtung sind in der Eizelle der mütterliche und der – meist größere – väterliche Zellkern zu sehen. Diese beiden Zellkerne werden auch als Vorkerne bezeichnet. Die befruchtete Eizelle hat nun wieder den doppelten Chromosomensatz: einen mütterlichen und einen väterlichen Ursprungs.

Mit der Verschmelzung der Zellkerne wird neues Leben möglich.

Die Vorkerne ordnen sich zuerst in der Mitte der Eizelle an, bevor sie miteinander verschmelzen. Die erste Zellteilung des neu entstandenen Lebens wird in den nächsten acht bis zwölf Stunden erfolgen. Der Embryo beginnt bereits im Eileiter, also auf seinem Weg in die Gebärmutter, sich zu entwickeln (siehe auch Grafik auf Seite 22). Die weiteren Zellteilungen erfolgen dabei rasch. Nach drei Zellteilungen besteht der Embryo schon aus acht Zellen. Zu diesem Zeitpunkt »schaltet« er seine neuen Gene an. Er teilt sich weiter und gleicht schließlich einer Traube. An diesem Punkt seiner Entwicklung befindet er sich in der Regel noch immer im Eileiter.

Und so geht es weiter: Wie aus einem Winzling ein neuer Mensch entsteht

Nun entwickelt sich ein mit Flüssigkeit gefüllter Hohlraum im Embryo, der den so genannten Trophoblast von der inneren Zellmasse trennt. Dieser innere Teil wird sich zum eigentlichen Embryo entwickeln. Der andere Teil, der Trophoblast, wird später zum Mutterkuchengewebe (Plazenta).

In diesem Stadium kommt der Embryo – jetzt Blastozyste genannt – in der Gebärmutterhöhle an. Am sechsten Tag schlüpft er aus seiner Hülle. Jetzt kann er sich in der Gebärmutterschleimhaut einnisten. Dabei wachsen die Zellen des Embryos in die Gebärmutterschleimhaut hinein und drängen deren Zellen auseinander. Zahlreiche hormonelle Prozesse begleiten die Einnistung. Besonders wichtig ist eine Anpassung der mütterlichen Immunabwehr, damit der Embryo nicht als fremd erkannt und abgestoßen wird.

Hat sich der Embryo eingenistet, produziert er das Schwangerschaftshormon – das so genannte Humane Chorion-Gonadotropin (β-HCG) – und gibt es in den mütterlichen Blutkreislauf ab. Mit entsprechenden Tests kann dieses Hormon nachgewiesen werden. Auf dieser Basis funktionieren auch die handelsüblichen Urin-Schwangerschaftstests. Sie ermöglichen einen sicheren Nachweis der Schwangerschaft bereits zu dem Zeitpunkt, an dem in etwa die nächste Periodenblutung erwartet wird, also ungefähr 13 Tage nach dem Eisprung.

Natürliche Familienplanung

Sie haben erfahren, wie sich der weibliche Körper immer wieder aufs Neue darauf vorbereitet, ein Kind zu empfangen (siehe ab Seite 16). Diese biologischen Vorgänge erscheinen Ihnen vielleicht sehr abstrakt. Schließlich laufen sie im Körper verborgen ab. Doch auch, wenn Sie vieles davon nicht sehen können – als Frau können Sie es wahrnehmen! Ihr Körper sendet Ihnen ständig Signale. Viele deuten Sie ganz selbstverständlich. Möglicherweise merken Sie gerade in diesem Moment, dass Sie hungrig sind oder Durst haben. Genauso kennen Sie die Zeichen, mit denen Ihr Körper Ihnen sagt, dass er Schlaf braucht. Ganz ähnlich zeigt Ihnen als Frau Ihr Körper an, ob Sie gerade fruchtbar sind oder nicht: Es gibt klare Signale für die fruchtbaren Tage, für den Eisprung und für unfruchtbare Tage. Und Sie können lernen, diese Signale bewusst wahrzunehmen und zu deuten.

Alltägliche körperliche Vorgänge bewusst erleben – das ist NFP.

Eine bereichernde Erfahrung

Natürlich gibt es inzwischen technische Hilfsmittel, etwa verschiedene Zykluscomputer (siehe ab Seite 51), die einfach zu bedienen sind und ebenfalls – allerdings mit unterschiedlicher Sicherheit – anzeigen, ob und wann Sie fruchtbar sind. Möglicherweise besitzen Sie ein solches Gerät sogar schon. Das sollte Sie aber nicht davon abhalten, selbst auch ganz bewusst die Zeichen Ihres Körpers zu beobachten und aufzuschreiben. Sicher können Sie dann viele körperliche und seelische Ver-

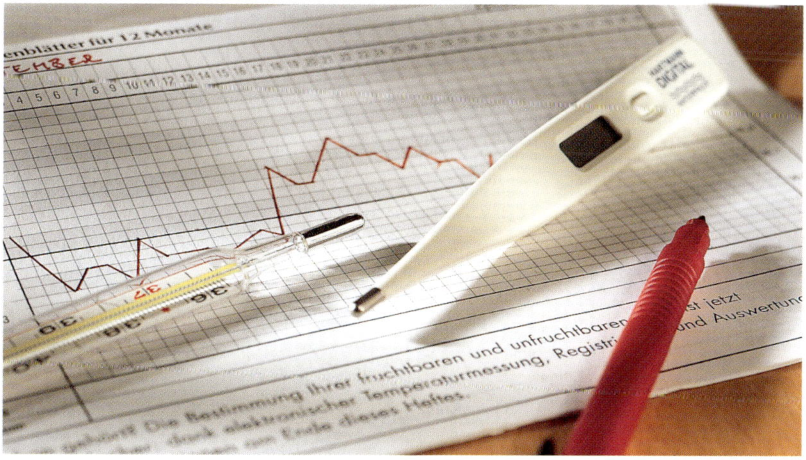

Thermometer, Zyklusblatt und Stift – sehr viel mehr »Utensilien« brauchen Sie nicht für die Natürliche Familienplanung.

änderungen besser verstehen. Sie erleben den Zyklus von Fruchtbarkeit und Unfruchtbarkeit – und eventuell auch dessen Störungen – ganz unmittelbar mit. Sich damit einmal zu beschäftigen ist für alle Menschen, Frauen wie Männer, ein ungeheuer bereicherndes Erlebnis – übrigens völlig unabhängig vom Wunsch nach einem Kind.

Sex nach Kalender?

Vielleicht versuchen Sie bereits seit einiger Zeit, schwanger zu werden, und haben sich schon angewöhnt, den Geschlechtsverkehr so abzupassen, dass er möglichst mit dem Eisprung zusammentrifft. Diesen »Sex nach Kalender« sind viele Paare früher oder später gründlich leid: Sie vermissen die Spontaneität, fühlen sich unter Druck gesetzt und verkrampfen. Hinzu kommt noch, dass dieser ganze Aufwand oft nicht den erhofften Erfolg bringt, weil man nicht selten die falschen Tage für die fruchtbaren hält. Bei der Methode, die wir Ihnen vorstellen wollen, geht es zwar auch darum, die günstigste Zeit für eine Empfängnis festzustellen. Gleichzeitig werden Sie aber den natürlichen Wechsel von fruchtbaren und unfruchtbaren Phasen auf eine sehr sinnliche Art erfahren. Viele Frauen lassen auch gern ihren Partner an den Veränderungen ihres Körpers teilhaben. Dies kann die Paarbeziehung stärken und zu einem unbefangeneren Umgang mit der Sexualität führen.

Erleben Sie Ihre Fruchtbarkeit ganz unmittelbar und sehr sinnlich.

Das gewinnen Sie durch aufmerksame Körperbeobachtung

Sie können Ihr Wissen außerdem in die ärztliche Behandlung einbringen. Der Arzt kann Diagnostik und Therapie wenigstens teilweise an Ihrer Körperbeobachtung ausrichten. Und Sie werden viele Behandlungsschritte besser verstehen. Während Ihr Arzt zum Beispiel durch Ultraschalluntersuchung beobachtet, wie ein Eibläschen wächst, können Sie die entsprechenden Signale Ihres Körpers bewusst wahrnehmen. Oft kann Ihre Körperbeobachtung sogar medizinische Maßnahmen überflüssig machen und Ihnen Behandlungen ersparen (siehe auch ab Seite 105). Der Arzt könnte zum Beispiel mit Ultraschalluntersuchungen erst dann beginnen, wenn Sie selbst bereits die ersten Fruchtbarkeitssymptome beobachtet haben. Und auch das Blut für die Progesteronbestimmung wird Ihnen nur dann abgenommen, wenn Sie sehen, dass der Eisprung sicher eine Woche vorbei ist. So wird vermieden, dass durch eine zu frühe Blutabnahme fälschlicherweise eine Gelbkörperschwäche (siehe Seite 107) diagnostiziert wird. Alles in allem: Ihr Wissen kann Ihnen helfen, einen großen Teil Ihrer Unabhängigkeit zu bewahren – oder zurückzugewinnen.

Die leise Sprache des eigenen Körpers verstehen

Die Art, den Körper selbst zu beobachten, die wir Ihnen vorstellen wollen, wird als Natürliche Familienplanung (NFP) bezeichnet. Das dabei gewonnene Körperwissen ist vielseitig einsetzbar: Manche Frauen wenden es an, um eine Empfängnis zu verhüten, andere, um einen Kinderwunsch zu verwirklichen. Es gibt auch Frauen, die NFP einfach dazu nutzen, sich selbst in diesem wichtigen Bereich besser kennen zu lernen, »aufgeklärter« und kompetenter zu sein. Wir wünschen Ihnen vor allem viel Freude dabei und versprechen Ihnen: Es wird spannend, wenn Sie NFP ausprobieren! Für Sie – und vielleicht auch für Ihren Partner.

Erleben Sie den Rhythmus Ihres Körpers ganz bewusst – und nutzen Sie Ihr Wissen.

Ein »Tagebuch« für Ihren Körper

Als Frau können Sie an Ihrem Körper regelmäßig auftretende Veränderungen beobachten, die mit dem natürlichen Rhythmus der weiblichen Fruchtbarkeit und Unfruchtbarkeit in Verbindung stehen. Manchmal werden Sie möglicherweise auch Störungen beobachten – diese sind ebenfalls oft ganz natürlich. Ein recht anschauliches Beispiel für die Veränderungen Ihres Körpers in Abhängigkeit von seiner Fruchtbarkeit ist die Regelblutung. Immer wenn sie einsetzt, beginnt ein neuer Zyklus. In dessen Verlauf kommt es normalerweise zu einem Eisprung. Sie können bewusst wahrnehmen, wie sich Ihr Körper auf den Eisprung vorbereitet. Es gibt verschiedene Anzeichen dafür. NFP basiert vor allem auf der Beobachtung von Gebärmutterhalsschleim (siehe ab Seite 31) und Körpertemperatur (siehe Seite ab 35). Beide Körpersignale verändern sich im Laufe des Zyklus und zeigen den aktuellen Status der Fruchtbarkeit an. Unter seltenen Umständen – etwa wenn bei Ihnen nur wenig Zervixschleim auftritt – ist es sinnvoll, zusätzlich den Gebärmutterhals zu untersuchen (siehe ab Seite 43). Außerdem treten bei vielen Frauen noch individuelle Zeichen auf, die zeigen, wie fruchtbar sie gerade sind (siehe ab Seite 42). Die beobachteten Körpersignale tragen Sie dann in das so genannte Zyklusblatt ein (eine Kopiervorlage finden Sie auf Seite 178/179). Hier notieren Sie alles, was mit dem Zyklus zu tun hat, zum Beispiel auch Umstände, die den Zyklusverlauf beeinflussen können. Auf Seite 36 finden Sie ein Zyklusblatt, in dem bereits Eintragungen vorgenommen wurden. In diesem Blatt können Sie sehen, wie Sie die verschiedenen Symptome aufzeichen. Auf den folgenden Seiten wird außerdem ausführlich erklärt, wie die einzelnen Körpersignale beobachtet und in das Zyklusblatt eingetragen werden. Keine Angst: Auch wenn Ihnen dieses Verfahren im Moment vielleicht etwas kompliziert erscheint – es ist im Grunde sehr einfach.

Auf den folgenden beiden Seiten finden Sie ein Zyklusblatt, in dem gekennzeichnet ist, wo Sie jeweils die verschiedenen Beobachtungen notieren können.

Störungen/Besonderheiten																					
Messzeit																					
Mittelschmerz 37,5																					
Brustsymptom 37,4																					
37,3																					
37,2																					
37,1																					
S-Abkürzung **37,0**																					
Basaltemperatur 36,9																					
36,8																					
36,7																					
36,6																					
36,5																					
36,4																					
36,3																					
36,2																					
36,1																					
36,0																					
Zyklustag	1	2	3	4	5	6	7	8	9	10	11	12	13	14	15	16	17	18	19	20	21
Datum																					
Schleim: Blutung																					
Schleim: Empfinden/Fühlen																					
Schleim: Aussehen																					
Gebärmutterhals: Lage und Öffnung																					
Gebärmutterhals: Festigkeit																					
Koitus/Verkehr																					
Fruchtbare Tage																					
LH-Test																					
Medizinische Befunde																					

In dieser Zeile vermerken Sie, welche Faktoren Ihre Temperaturkurve beeinflusst haben könnten (siehe Kasten Seite 40) und welche weiteren Körperzeichen aufgetreten sind (siehe ab Seite 42).

Bitte ein »M« beziehungsweise »B« eintragen, falls der Eisprung mit Mittelschmerz oder Brustsymptom einhergeht (siehe Seite 42

Tragen Sie in diese Zeile die Abkürzung für den Zustand des Zervixschleims ein (siehe Kasten Seite 33).

Diese Zeilen bieten Platz für Ihre Temperaturwerte (siehe ab Seite 35).

In diesen beiden Zeilen tragen Sie Ihre Beobachtungen zum Zervixschleim ein (siehe ab Seite 31).

Hier tragen Sie alle Beobachtungen zur Gebärmutterhalsuntersuchung ein (siehe ab Seite 43).

22	23	24	25	26	27	28	29	30	31	32	33	34	35	36	37	38	39	40

Zyklusnummer:

Messweise:

- After
- Scheide
- Mund

	36,1								
	36,0								
	Zyklustag	1	2	3	4	5	6	7	8
Datum	12. Jan. 01	12	13	14	15	16	17	18	19
Schleim	Blutung								
	Empfinden/Fühlen						trocken	trocken	trocken
	Aussehen								
Gebärmutterhals	Lage und Öffnung								
	Festigkeit								
	Koitus/Verkehr								
	Fruchtbare Tage								
	LH-Test								

In der Zeile unter dem Datum tragen Sie Zeitpunkt und Stärke der Regelblutung und nach der Menstruation die Beobachtungen zum Zervixschleim ein.

Was gehört ins Zyklusblatt?

Jeweils am ersten Tag der Periodenblutung beginnen Sie mit den Eintragungen in Ihr Zyklusblatt. Dieser Tag ist zugleich der erste Zyklustag. Die Zyklustage sind im vorgedruckten Blatt bereits nummeriert. Unter diesen Nummern tragen Sie jeweils das Datum ein. Und in der Spalte darunter die Periodenblutung: Sie können mit verschieden langen Strichen angeben, wie stark die Blutung ist. Treten vor der Periode leichte Schmierblutungen auf, zählen diese noch zum vorangegangenen Zyklus.
Sobald Ihre Periode vorbei ist, beginnen Sie, Ihre Beobachtungen zum Zervixschleim in das Zyklusblatt einzutragen (siehe Seite 33). Über der Zeile mit den nummerierten Zyklustagen ist Platz für Ihre Notizen zur gemessenen Körpertemperatur (siehe ab Seite 35). In weiteren Zeilen können Sie die Ergebnisse der Gebärmutterhalsuntersuchung vermerken, außerdem die Tage, an denen Sie Verkehr hatten.
Nach Auswertung Ihrer Beobachtungen markieren Sie dann laufend in der dafür bestimmten Zeile Ihre fruchtbaren Tage in diesem Zyklus. So schaffen Sie sich im Laufe der Zeit einen wertvollen Überblick über die Vorgänge in Ihrem Körper – und gewinnen immer mehr Sicherheit im Umgang mit Ihrem Körper und Ihrer Fruchtbarkeit.

Was Sie außerdem noch eintragen können

Vielleicht befinden Sie sich wegen Ihres unerfüllten Kinderwunsches bereits seit einiger Zeit in ärztlicher Behandlung. In diesem Fall können Sie auch die Ergebnisse von Hormon- und Ultraschalluntersuchungen in Ihr Zyklusblatt eintragen. So lassen sich die Ergebnisse einzelner Untersuchungen gut zu Ihren Beobachtungen in Beziehung setzen.
Häufig hilft dieses Wissen auch, Fragen zu klären. Etwa die, ob ein Verkehr wirklich zum richtigen Zeitpunkt stattgefunden hat. Meist wird ein Ultraschall am 14. oder 15. Tag durchgeführt, da man um diese Zeit mit dem Eisprung rechnen kann. Findet der Eisprung aber etwas später statt, wird dieser Test dann oft ein- oder zweimal wiederholt. Wenn Sie jedoch Ihren Zyklus beobachten, können Sie bei Zervixschleim – vielleicht erst am 18. oder 19. Tag – kurzfristig einen unnötigen Untersuchungstermin streichen. Sie ersparen sich mehrere Termine und helfen Fehldiagnosen zu vermeiden (siehe auch ab Seite 105). Wichtig ist bei einem unerfüllten Kinderwunsch manchmal ein zusätzlicher so

genannter LH-Test, bei dem Sie LH, das Steuerhormon des Eisprungs (siehe ab Seite 17), selbst im Urin nachweisen können. Ist der Test positiv, können Sie ungefähr 24 Stunden später mit dem Eisprung rechnen. Auch die Ergebnisse dieses Testes können Sie mit in Ihr Zyklusblatt eintragen.

Zeichen der Fruchtbarkeit: der Zervixschleim

Das wichtigste Signal dafür, dass Ihre fruchtbare Phase begonnen hat, setzt der Gebärmutterhalsschleim. Ärzte sprechen von Zervixschleim. Manche Frauen haben ihn bewusst noch nie wahrgenommen. Doch wenn Sie sich einmal damit befasst haben, ist er sehr einfach zu beobachten und zu beurteilen: Vielleicht haben Sie schon ab und an etwas »Ausfluss« am Scheideneingang bemerkt. Genau das ist der Zervixschleim, der die fruchtbaren Tage anzeigt: Sobald Zervixschleim auftritt, beginnt Ihre fruchtbare Phase. Ist der Schleim außerdem noch glasig und dehnbar, sind Sie hoch fruchtbar.

Wie können Sie den Zervixschleim beobachten?

An den fruchtbaren Tagen verflüssigt sich der Zervixschleim zunehmend und rinnt an den Scheidenwänden hinunter zum Scheideneingang. Dort können Sie den Schleim empfinden, fühlen und sehen.

- **Empfinden:** Sie können sich tagsüber ab und zu bewusst machen, was Sie am Scheideneingang empfinden. Vielleicht sind Sie gerade unterwegs und haben das Gefühl, dass Ihr Scheideneingang trocken ist, vielleicht sogar unangenehm trocken und etwas juckend – oder Sie spüren einfach nichts. Das alles sind Zeichen dafür, dass kein Zervixschleim vorhanden ist. Ein anderes Mal wird Ihnen plötzlich bewusst, dass Sie den Scheideneingang als feucht oder sogar richtig nass empfinden. Manchmal können Sie sogar spüren, wie die Flussigkeit schubweise aus der Scheide rinnt und Ihren Slip durchnässt. Wenn Sie einmal gelernt haben, das Körpersignal »Zervixschleim« wahrzunehmen, kommen Ihnen die Empfindungen im Scheidenbereich ganz automatisch ins Bewusstsein, egal was Sie gerade tun.
- **Fühlen:** Wenn Sie über den Scheideneingang wischen, fällt Ihnen vielleicht auf, dass Ihr Finger oder das Toilettenpapier manchmal besonders gut darüber gleitet – fast, als ob Sie Öl oder Seife auf der Haut hätten. Es fühlt sich schlüpfrig und glitschig an.
- **Sehen:** Wenn Sie auf der Toilette sind und mit den Fingern oder etwas Toilettenpapier über den Scheideneingang wischen, können Sie sich den Zervixschleim ansehen. Er kann gelblich, weißlich, dicklich, klumpig und cremig sein. Manchmal sieht er auch geleeartig, durchsichtig, glasig, rötlich oder wie rohes Eiweiß aus.

Anfangs ist es für manche Frauen gewöhnungsbedürftig, aufmerksam auf körperliche Prozesse und Signale in einem so intimen Bereich zu achten. Sehen Sie diese Art der bewussten Wahrnehmung auch als Chance, ein besseres Verhältnis zu Ihrem Körper zu bekommen.

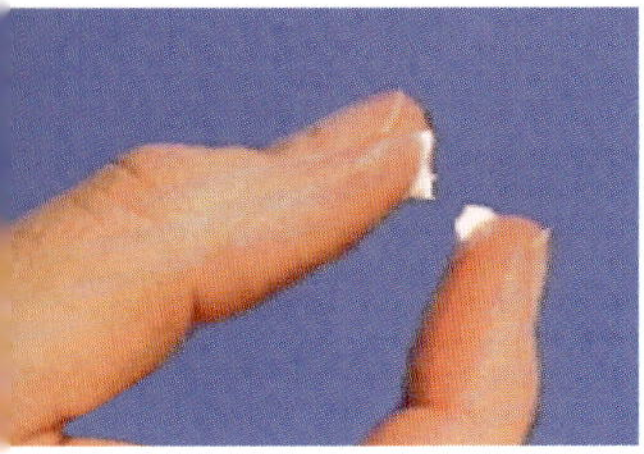

Der Zervixschleim ist klumpig, dicklich und weißlich.

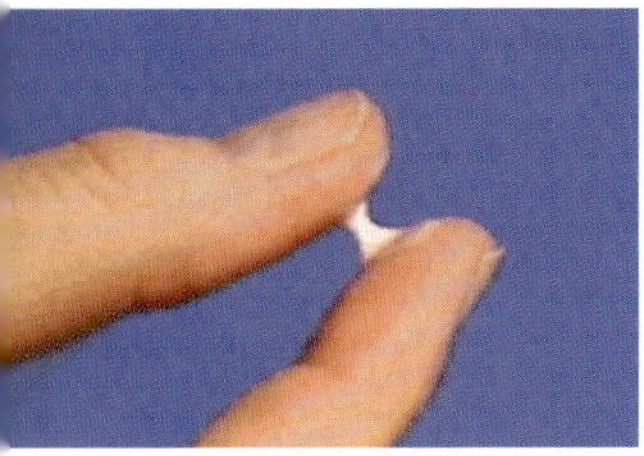

Der Schleim ist immer noch milchig und trüb, aber nicht mehr so klumpig.

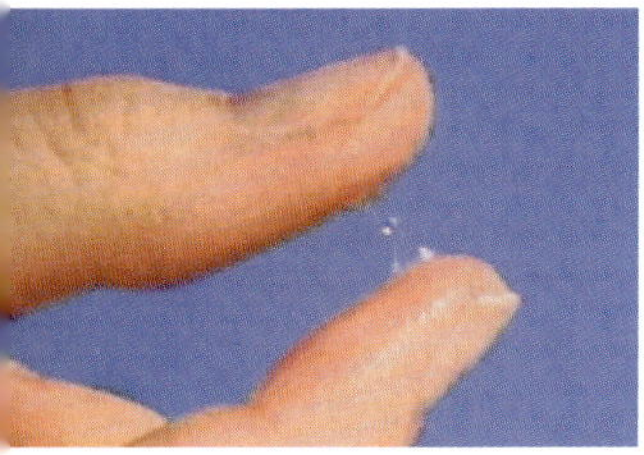

Glasiger, durchsichtiger, etwas dehnbarer Schleim.

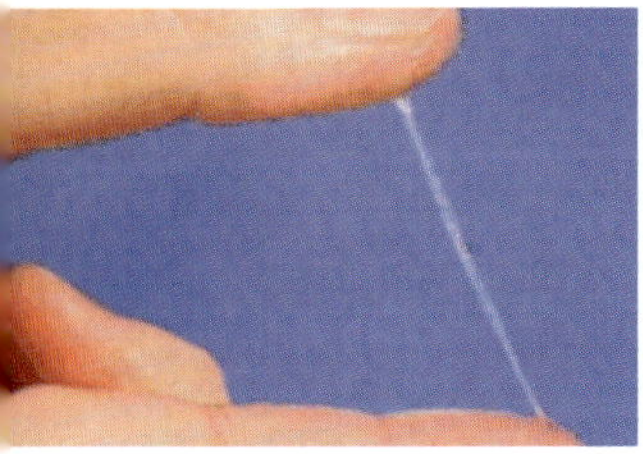

Schleimhöhepunkt: Der Schleim ist glasig und dehnbar.

Sie können außerdem feststellen, ob der Schleim dehnbar ist, indem Sie das Toilettenpapier nach dem Abwischen zusammenklappen und dann wieder auseinander falten. Manchmal lässt sich der Schleim wie rohes Eiweiß als Faden auseinander ziehen (siehe Abbildung links unten). Sie können die Dehnbarkeit natürlich auch mit den Fingern prüfen. Manchmal geht der Schleim auch beim Wasserlassen oder beim Stuhlgang mit ab: Er hängt als langer Faden aus der Scheide, reißt ab und schwimmt dann in der Toilette.

Signale des Körpers erkennen

- Es genügt, den Zervixschleim äußerlich, also am Scheideneingang zu beobachten. Sie müssen dazu nicht in die Scheide hineinfassen.
- Am einfachsten beobachten Sie den Zervixschleim beim üblichen Gang auf die Toilette.

Veränderungen des Zervixschleims im Zyklus

In den ersten Tagen nach der Periodenblutung ist oft noch gar kein Zervixschleim zu sehen und zu spüren. Das sind »harte Zeiten« für die Samenzellen, die ja ohne diesen Schleim nicht überleben können (siehe auch Seite 19). Einige Tage später empfinden Sie möglicherweise Ihren Scheideneingang als etwas feucht, obwohl Sie noch keinen Schleim sehen können. Vielleicht ist auch sofort etwas Schleim zu sehen, ohne dass Sie sich vorher feucht gefühlt haben. Dieser Schleim ist dann meist zuerst weißlich oder gelblich, dicklich, klumpig und nicht dehnbar (siehe Abbildung links oben). Das bedeutet, dass hormonell bereits »etwas passiert«: Es werden vermehrt Östrogene gebildet, der Eisprung rückt näher. Man kann jetzt noch nicht vorhersagen, wann er genau stattfinden wird – es könnte in einigen Tagen, vielleicht auch in einer Woche oder später so weit sein.
Auch wenn der Zervixschleim zu Beginn noch keine optimale Qualität hat, können eindringende Spermien jetzt bereits in den Buchten des Gebärmutterhalses überleben und hier auf den Eisprung warten. Damit besteht auch bei Verkehr während dieser Zeit schon eine gewisse Möglichkeit, schwanger zu werden. Diese Chance verbessert sich erheblich, je näher der Eisprung rückt. Die Schleimmenge nimmt zu, die Qualität des Zervixschleims steigt: Er bietet den Samenzellen des Mannes immer bessere Bedingungen, möglichst lange im Gebärmutterhals zu überleben. Der Schleim lagert Wasser ein und wird deshalb zunächst milchig oder geleeartig und schließlich durchsichtig und glasig (siehe zweites Bild von unten). Er kann wie rohes Eiweiß aussehen und lässt sich als

		1	2	3	4	5	6	7	8	9	10	11	12	13	14	15	16	17	18	19	20
	36,1																				
	36,0																				
	Zyklustag	1	2	3	4	5	6	7	8	9	10	11	12	13	14	15	16	17	18	19	20
Datum	*12. Jan. 01*	*12*	*13*	*14*	*15*	*16*	*17*	*18*	*19*	*20*	*21*	*22*	*23*	*24*	*25*	*26*	*27*	*28*	*29*	*30*	*31*
	Blutung																				
Schleim	Empfinden/Fühlen						*trocken*	*trocken*	*trocken*	*nichts*	*feucht*	*feucht*	*feucht*	*feucht*	*feucht*	*nass*	*nass*	*feucht*	*nichts*	*nichts*	*nichts*
Schleim							*–*	*–*	*–*	*–*	*–*	*dicklich*	*dicklich*	*cremig*	*glasig*	*glasig*	*glasig dehnbar*	*klumpig*	*–*	*–*	*–*
Gebärmutterhals	Lage und Öffnung																				
Gebärmutterhals	Festigkeit																				
	Koitus/Verkehr																				
	Fruchtbare Tage																				

So tragen Sie Ihre Beobachtungen zum Zervixschleim in das Zyklusblatt ein.

Faden auseinander ziehen (siehe Bild Seite 32 unten). Der Scheidenbereich fühlt sich glatt an, so als wäre er »eingeseift«. Der Schleim kann so dünnflüssig werden, dass Sie ihn gar nicht mehr fassen können, weil er »wie Wasser wegrinnt«.

Anschließend kommt es zu einem deutlichen Umschwung: Der Zervixschleim wird wieder weißlich, klumpig und deutlich weniger oder verschwindet von einem Tag auf den anderen völlig.

Die Beobachtung des Zervixschleims eintragen

Am besten tragen Sie abends ein, was Sie tagsüber beobachtet haben. Ausschlaggebend ist jeweils die für den Tag beste Qualität. Wenn Sie zum Beispiel mittags glasigen Zervixschleim beobachtet haben und nachmittags dicklichen, so tragen Sie »glasig« ein. In die Spalte unterhalb des Datums tragen Sie ein, was Sie gefühlt, und eine Spalte darunter, was Sie gesehen haben (siehe Zyklusblatt oben). Sie können sich das Ganze aber auch vereinfachen, indem Sie Abkürzungen benutzen, etwa die im folgenden Kasten.

Manche Frauen fühlen sich in der Zeit um den Schleimhöhepunkt richtig durchnässt. Einige benutzen in dieser Zeit eine Slipeinlage.

Abkürzungen für den Zervixschleim

t = keinen Schleim gesehen, trockenes (oder gar unangenehmes) Gefühl

ø = keinen Schleim gesehen oder gespürt

f = feuchtes Gefühl, kein Schleim sichtbar

S = Schleim ist dicklich, weißlich, gelblich, klumpig oder cremig

$\overset{+}{S}$ = Schleim ist glasig, durchsichtig, wie rohes Eiweiß, dehnbar, als Faden ausziehbar, flüssig, rötlich oder rinnt weg wie Wasser

Was Sie in Ihren Aufzeichnungen lesen können

Sobald Zervixschleim auftritt, beginnt Ihre fruchtbare Phase. Mit zunehmender Schleimqualität haben die Samenzellen immer bessere Überlebenschancen (siehe Seite 19).
Zum Eisprung kommt es normalerweise an den Tagen um den so genannten Schleimhöhepunkt herum. Darunter versteht man den letzten Tag mit der für diesen Zyklus besten Schleimqualität.

Tipp

Das ist wichtig für Kinderwunschpaare

- Am größten ist die Wahrscheinlichkeit, schwanger zu werden, an den Tagen mit Zervixschleim der besten Qualität ($\overset{+}{S}$) und noch in der Zeit etwa zwei bis drei Tage nach diesem Schleimhöhepunkt.
- Bei bestehendem Kinderwunsch ist der Zervixschleim das wichtigste Körperzeichen. Er sagt Ihnen, ob Sie jetzt gerade in der fruchtbaren Phase sind oder nicht. Einfacher können Sie Ihre Fruchtbarkeit nicht miterleben. Doch auch andere Signale des Körpers sind in dieser Hinsicht sehr aufschlussreich (siehe ab Seite 42).

Eine Kopiervorlage für das Zyklusblatt finden Sie im Anhang auf Seite 178/179.

Zervixschleim oder krankhafter Ausfluss?

Viele Frauen haben ihren Zervixschleim schon hin und wieder bemerkt, hielten diesen aber für lästigen oder krankhaften Ausfluss und haben deshalb vielleicht sogar ärztliche Hilfe gesucht. Es gibt jedoch einige sichere Merkmale, mit deren Hilfe Sie Zervixschleim von krankhaftem Ausfluss unterscheiden können:

Einen guten Überblick über Ihre aktuelle Fruchtbarkeit bekommen Sie, wenn Sie den Zustand des Zervixschleims mit praktikablen Abkürzungen (siehe Seite 33 unten) in Ihr Zyklusblatt eintragen (siehe Seite 36, Zeile S-Abkürzung).

- Der Zervixschleim ist nur in der fruchtbaren Zeit vorhanden – und er verändert sich innerhalb der Zeit, in der er auftritt, und verschwindet anschließend völlig. Er wird nicht von unangenehmen Symptomen wie beispielsweise Jucken, Brennen oder auffälligem Geruch begleitet.
- Eine akute Entzündung mit Ausfluss lassen Frauen normalerweise schon wegen der Beschwerden von einem Arzt abklären. Typische Symptome können Jucken, Brennen und eventuell ein unangenehmer Geruch sein. Krankhafter Ausfluss verändert sich außerdem im Gegensatz zum Zervixschleim nicht nach einer bestimmten Zeit, sondern bleibt gleich.
- Manche Frauen haben auch einen chronischen, nicht behandelbaren Ausfluss, der keine weiteren Beschwerden verursacht. Neben

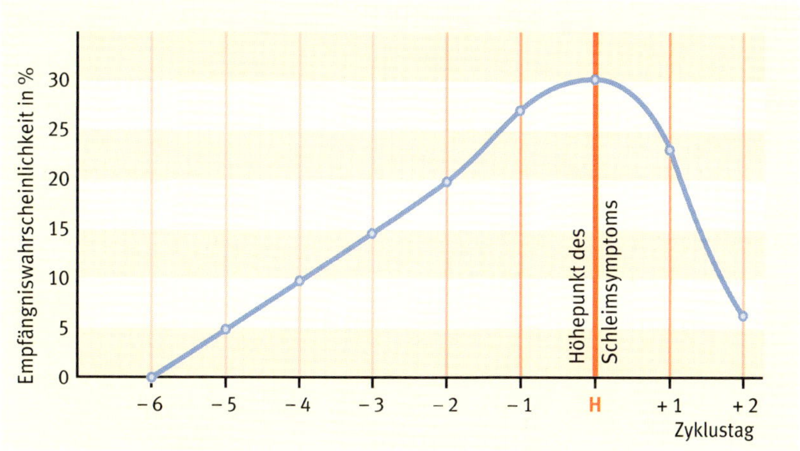

Die beste Chance auf eine Schwangerschaft besteht in den Tagen rund um den Schleimhöhepunkt.

diesem Ausfluss können die betroffenen Frauen aber dennoch wenigstens in der hoch fruchtbaren Zeit den glasigen, eiweißartigen Zervixschleim zusätzlich feststellen.

- Auch Samenflüssigkeit lässt sich recht sicher von Zervixschleim unterscheiden: Samenflüssigkeit tritt nur eine begrenzte Zeit nach dem Geschlechtsverkehr aus der Scheide aus – wenn Sie abends Verkehr hatten, oft noch am nächsten Morgen. Samenflüssigkeit ist durchsichtig, bildet dünne Fäden und hat im Gegensatz zum Zervixschleim einen ganz charakteristischen kastanienblütenartigen Geruch.

Ein wichtiges Signal der Fruchtbarkeit: die Körpertemperatur

Neben dem Zervixschleim gibt auch die Veränderung der Körpertemperatur einer Frau Aufschluss über den Zyklus: Zur Zeit des Eisprungs oder kurz danach steigt die Temperatur der Frau leicht an. Erst am Ende des Zyklus sinkt sie wieder ab. Das heißt, in jedem Zyklus gibt es vor dem Eisprung eine Phase mit niedriger und nach dem Eisprung eine mit erhöhter Körpertemperatur. Der Temperaturanstieg kann mehrere Tage dauern und ist relativ gering, manchmal beträgt er nur 2/10 °C. Das Ansteigen der Temperatur ist fast immer ein sicherer Beweis, dass ein Eisprung stattgefunden hat.
Außerdem lässt die Länge der Zeitspanne von Temperaturanstieg bis Zyklusende Rückschlüsse auf die Qualität des Gelbkörpers zu (siehe auch Seite 107). Besonders im Zusammenhang mit Aufzeichnungen über die Entwicklung des Zervixschleims liefert die Beobachtung der Körpertemperatur wichtige Informationen.

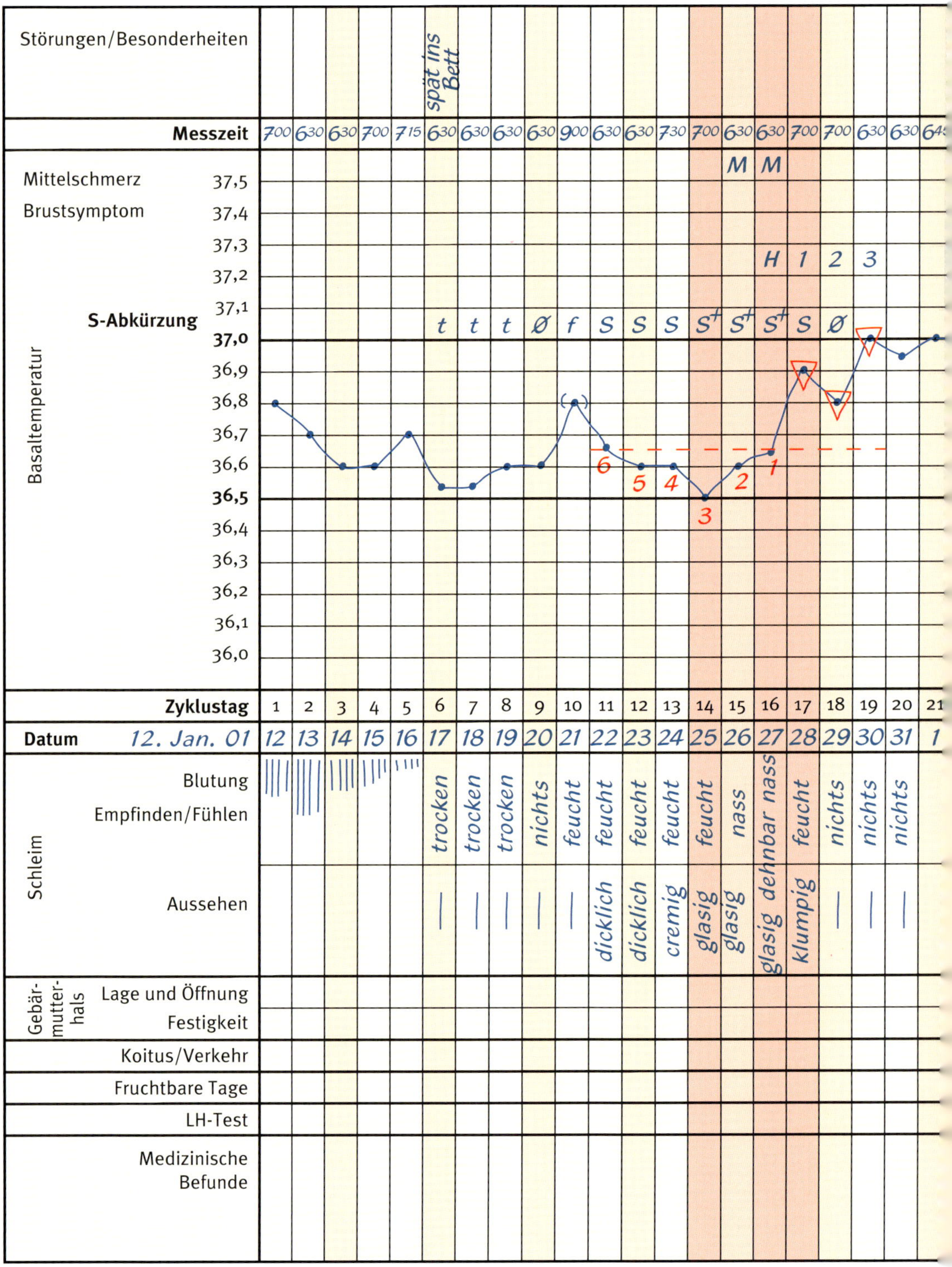
Störungen/Besonderheiten
spät ins Bett
Messzeit
7⁰⁰ 6³⁰ 6³⁰ 7⁰⁰ 7¹⁵ 6³⁰ 6³⁰ 6³⁰ 6³⁰ 9⁰⁰ 6³⁰ 6³⁰ 7³⁰ 7⁰⁰ 6³⁰ 6³⁰ 7⁰⁰ 7⁰⁰ 6³⁰ 6³⁰ 6⁴⁵
Mittelschmerz
Brustsymptom
M M
H 1 2 3
S-Abkürzung
t t t Ø f S S S S+ S+ S+ S Ø
Basaltemperatur
37,5
37,4
37,3
37,2
37,1
37,0
36,9
36,8
36,7
36,6
36,5
36,4
36,3
36,2
36,1
36,0
6 5 4 3 2 1
Zyklustag
1 2 3 4 5 6 7 8 9 10 11 12 13 14 15 16 17 18 19 20 21
Datum
12. Jan. 01
12 13 14 15 16 17 18 19 20 21 22 23 24 25 26 27 28 29 30 31 1
Schleim
Blutung
Empfinden/Fühlen
trocken trocken trocken nichts feucht feucht feucht feucht feucht nass nass feucht nichts nichts nichts
Aussehen
dicklich dicklich cremig glasig glasig glasig dehnbar klumpig
Gebärmutterhals
Lage und Öffnung
Festigkeit
Koitus/Verkehr
Fruchtbare Tage
LH-Test
Medizinische Befunde

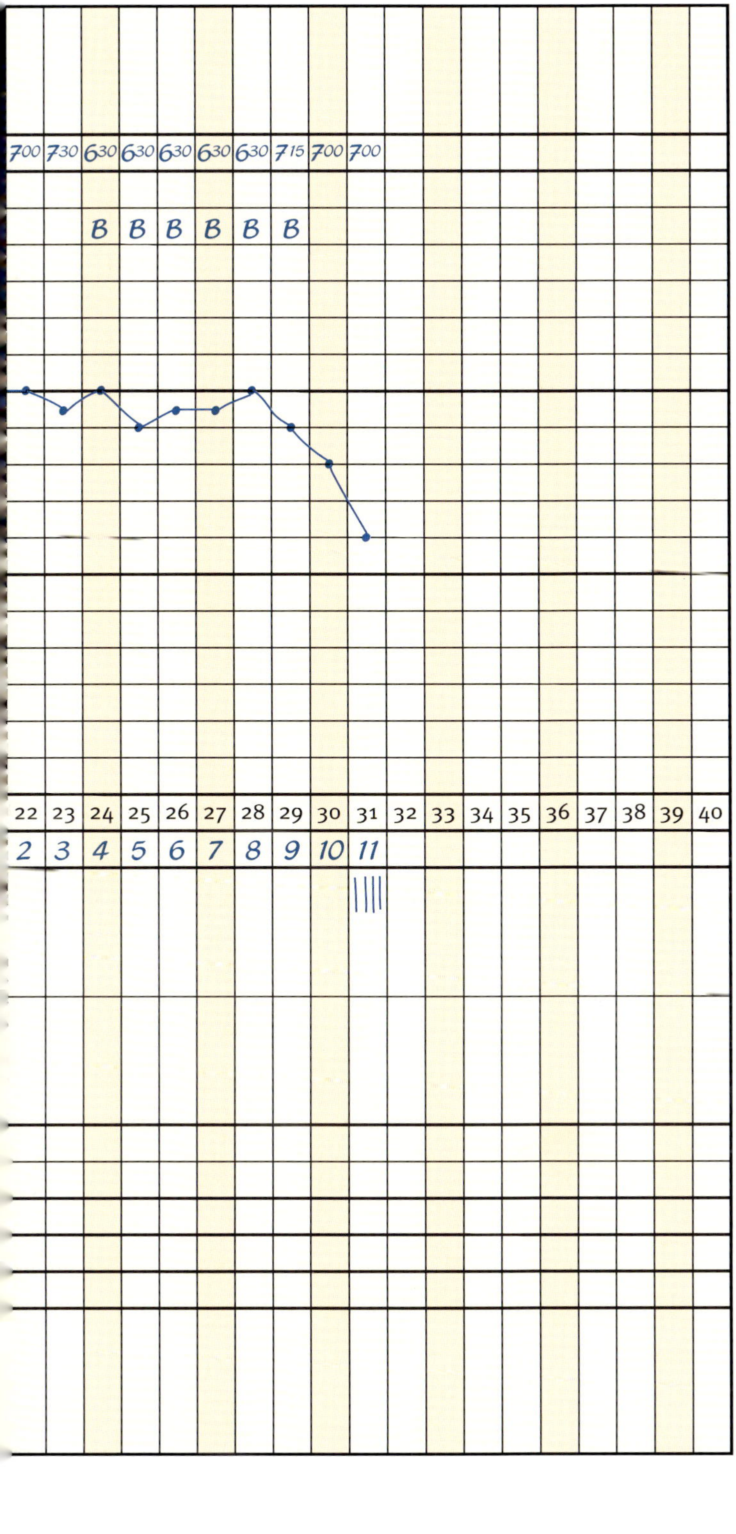

In diesem Zyklusblatt sehen Sie einen vollständigen Zyklus eingetragen und ausgewertet. Wie Sie dieses Zyklusblatt lesen können und wie Sie den Eisprung mit Hilfe einer solchen Aufzeichnung erkennen, lesen Sie ausführlich auf Seite 34 und ab Seite 40.

Die Körpertemperatur messen: Wie oft und wann sollten Sie das tun?

Die Temperaturmessung ist bei vielen Frauen umstritten, weil oft angenommen wird, dass diese Methode sehr umständlich sei und das alltägliche Leben einschränke. So gehen viele davon aus, dass dabei relativ starre Regeln zu befolgen wären.
Das ist jedoch nicht der Fall: Die Körpertemperatur müssen Sie nicht täglich messen. Es muss auch nicht jeden Tag zur selben Uhrzeit gemessen werden. Ebenso wenig müssen Sie vor der Messung mindestens sechs Stunden geschlafen haben. Welche »Regeln« Sie wirklich beachten müssen, lesen Sie im Kasten unten.

Tipp

Richtig messen – so einfach geht's

Wann misst man?
Am sichersten ermitteln Sie die Temperatur, wenn Sie morgens unmittelbar nach dem Aufwachen messen, und zwar noch vor dem Aufstehen, vor jeder anderen Tätigkeit.
Wo und wie lange?
Bitte nicht unter dem Arm, sondern entweder drei Minuten rektal (im Po), fünf Minuten oral (im Mund) oder fünf Minuten vaginal (in der Scheide) messen. Innerhalb eines Zyklus muss immer an derselben Stelle gemessen werden (also immer rektal oder immer oral oder stets vaginal).
An welchen Tagen wird gemessen?
Beginnen Sie mit dem Messen nach der Periode oder sobald Sie Zervixschleim bemerkt haben. Nach dem Ende der fruchtbaren Phase können Sie wieder aufhören.
Was ist sonst noch wichtig?
Ein normales Quecksilberthermometer eignet sich am besten. Sie können aber auch ein Digitalthermometer benutzen, das fabrikneu und geeicht ist.
Wenn Ihre Nachtruhe gestört war, sollten Sie vor dem Messen wenigstens noch etwa eine Stunde schlafen oder entspannt im Bett liegen.
Weitere Hinweise darauf, wie Sie die Temperatur richtig messen, finden Sie im Anhang (ab Seite 168).

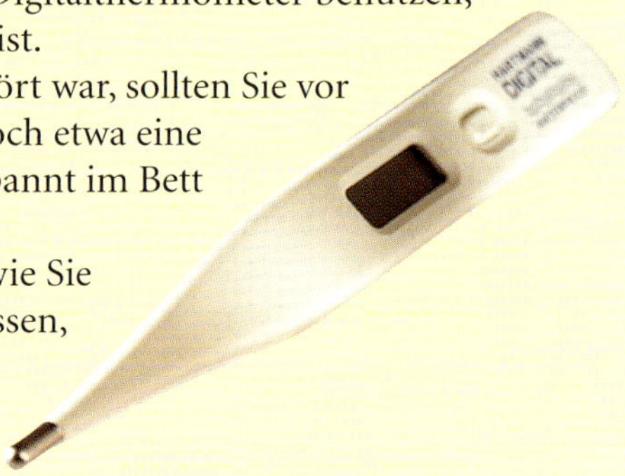

Sie müssen auf keinen Fall täglich die Körpertemperatur messen, sondern nur an einigen Tagen im Monat (siehe Kasten rechts).

Eintragen der Temperaturwerte: So wird's gemacht

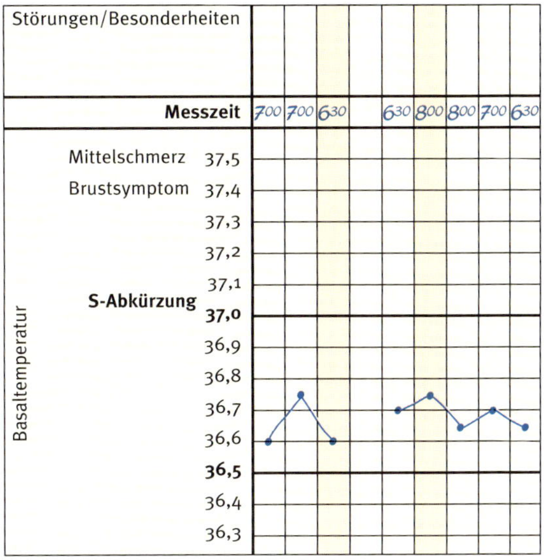

Die auf 1/10 °C genau abgelesenen Temperaturwerte tragen Sie auf der entsprechenden Linie im Zyklusblatt mit einem Punkt ein. Manchmal bleibt die Quecksilbersäule des Thermometers zwischen zwei Teilstrichen stehen. Dann wird der Messwert auch im Zyklusblatt in der Mitte des Kästchens eingetragen (wie im Ausschnitt aus dem Zyklusblatt, Abbildung rechts). Verbinden Sie die einzelnen Temperaturwerte miteinander. Wenn Sie zwischendurch einmal nicht gemessen haben, werden die Nachbarwerte nicht miteinander verbunden, sondern Sie lassen dort in Ihrer Temperaturkurve einfach eine Lücke.

Störungen der Temperatur – woran es liegen kann

Ihre Körpertemperatur unterliegt einem bestimmten Biorhythmus: Morgens ist sie grundsätzlich niedriger als nachmittags. Sie müssen sich aber nicht den Wecker stellen und immer zur selben Uhrzeit messen. Notieren Sie einfach die Uhrzeit der Messung im Zyklusblatt, damit Sie eventuelle Zacken in der Kurve nicht mit dem Temperaturanstieg verwechseln. Bei vielen Frauen sind Abweichungen der Messzeit von anderthalb Stunden ohne Probleme möglich. Die Messung im Po ist übrigens bei vielen Frauen am wenigsten störanfällig. Beim Messen im Mund muss die Spitze des Thermometers unter der Zunge am Zungenbändchen anliegen. Der Mund bleibt während des Messens geschlossen. Die Temperatur kann aus weiteren Gründen, die nichts mit dem Zyklus zu tun haben, ansteigen (siehe Kasten Seite 40). Deshalb ist es empfehlenswert, mögliche Störungen und Besonderheiten im Zyklusblatt zu notieren. So können Sie dann selbst herausfinden, auf was Ihr Körper mit erhöhter Temperatur reagiert und auf was nicht. Das ist nämlich von Frau zu Frau ganz verschieden.

Sie können eine Störung auf dem Zyklusblatt erkennen: Eine solche Störung zeigt sich in Ihren Aufzeichnungen als erhöhter Temperaturwert, der aus dem üblichen Niveau der Temperaturtieflage nach oben herausragt und durch einen ungewöhnlichen Umstand erklärt werden kann (siehe Kasten Seite 40). Eine so entstandene »Temperaturzacke« wird bei der Beurteilung der Aufzeichnungen dann einfach ausgeklammert und nicht weiter berücksichtigt (siehe auch Zyklusblatt Seite 36).

Falls Sie einen oder mehrere Tage die Körpertemperatur nicht gemessen haben, lassen Sie im Zyklusblatt eine Lücke, damit Sie später erkennen, dass die Messung unterbrochen war.

Tipp

Mögliche Störfaktoren der Temperatur

- ungewöhnlich späte Messzeit
- ungewohnt spätes Zubettgehen
- Feiern spätabends
- kurze oder gestörte Nachtruhe
- ungewohnter Alkoholgenuss
- Stress, seelische Belastung
- Reisen, Klimawechsel
- Thermometerwechsel mitten im Zyklus
- Krankheit, Erkältung, andere Infektionen

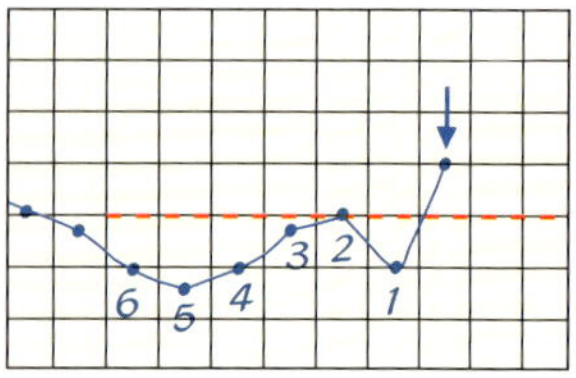

Der aktuelle Wert liegt über den sechs vorangegangenen.

Auch der zweite Wert liegt über der eingezeichneten Hilfslinie.

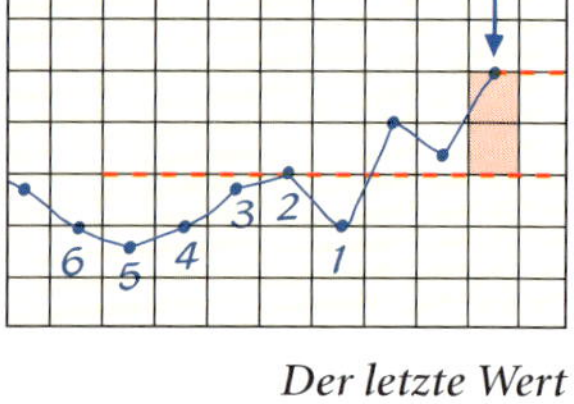

Der letzte Wert liegt 2/10 °C über dem höchsten Wert der sechs Tage vor dem Temperaturanstieg.

Wie Sie Ihre Aufzeichnungen lesen

Wichtig ist es, den Temperaturanstieg zu erkennen, weil dieser anzeigt, ob und wann der Eisprung etwa stattgefunden hat. Versuchen Sie, das folgende Vorgehen im Zyklusblatt auf Seite 36/37 nachzuvollziehen:

- Ein Temperaturanstieg hat dann stattgefunden, wenn man drei aufeinander folgende Messwerte findet, die alle höher sind als die sechs vorangegangenen Messwerte; im Zyklusblatt auf Seite 36/37 wären das also der 17. bis 19. Tag. Dabei muss die dritte höhere Messung mindestens 2/10 °C (= zwei Kästchen im Zyklusblatt) über dem höchsten Wert der sechs niedrigeren Temperaturwerte liegen. Das klingt kompliziert, ist aber ganz einfach, wenn Sie folgendermaßen vorgehen: Tag für Tag wird der jeweils neue Temperaturwert mit den sechs vorangegangenen Werten verglichen. Sie suchen den Messwert, der erstmals höher liegt als jeder der Werte, die an den sechs vorangegangenen Tagen gemessen wurden.
- Auch der Wert des nächsten und übernächsten Tages muss höher liegen als die sechs tiefen Werte. Um dies gut erkennen zu können, ziehen Sie eine Hilfslinie durch den höchsten der sechs niedrigen Werte (siehe Abbildungen auf dieser Seite und Seite 41 rechts). Der dritte höhere Temperaturwert muss außerdem 2/10 °C (= 2 Kästchen) höher liegen als die sechs niedrigen Messwerte, also zwei Kästchen über der Hilfslinie. Übrigens werden vorher natürlich alle gestörten Messwerte ausgeklammert und nicht weiter berücksichtigt. Liegt der dritte Temperaturwert keine 2/10 °C (= zwei Kästchen) höher als die sechs niedrigen Messungen, muss ein vierter Wert abgewartet werden, der lediglich über den sechs tieferen Werten, also über der Hilfslinie, liegen muss. Außerdem kann zwischen den drei höheren Messungen auch eine Messung unter oder auf die Hilfslinie fallen. Dieser Wert wird dann nicht berücksichtigt (siehe Abbildung auf Seite 41 unten).

Übrigens: Die Zeit von der ersten höheren Messung bis zum Zyklusende (also dem Eintritt der Periode) bezeichnet man als Temperaturhochlage. Diese dauert normalerweise 10 bis 16 Tage. Das heißt, Sie können sich nach dem Temperaturanstieg in etwa ausrechnen, wann Ihre nächste Periode eintreten wird. Welche Ursachen vorliegen können, wenn sie nicht zu dieser Zeit einsetzt, lesen Sie ab Seite 46.

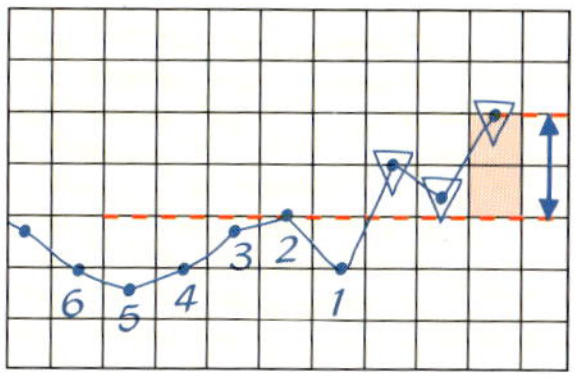

Am Abend der dritten höheren Messung endet die fruchtbare Zeit.

Wo liegt der Eisprung auf der Temperaturkurve?

Der Eisprung findet meistens ein oder zwei Tage vor der ersten höheren Messung statt oder am Tag der ersten höheren Messung selbst. Weil sich die Temperaturhochlage nur ausbildet, wenn der Progesteronspiegel steigt (siehe auch ab Seite 17), und dieser wiederum nur ansteigt, wenn ein Eisprung stattgefunden hat, ist die Temperaturhochlage – richtig abgelesen – fast immer ein Beweis für den Eisprung.

Tipp

Was die kombinierte Beobachtung von Zervixschleim und Körpertemperatur aussagt

- Zervixschleim und Körpertemperatur zeigen Ihnen an, welche Zeit für eine Empfängnis günstig ist. Am größten ist die Chance schwanger zu werden an den Tagen mit Zervixschleim der besten Qualität und an den Tagen danach bis einschließlich des Tages mit der ersten höheren Temperaturmessung. Natürlich ist auch an den vorangehenden Tagen mit Zervixschleim bereits eine gewisse Empfängniswahrscheinlichkeit gegeben.
- Wenn Sie die Körpertemperatur in Zusammenhang mit dem Höhepunkt des Zervixschleimsymptoms (siehe ab Seite 31) beobachten, kann der Zeitraum des Eisprungs noch genauer eingegrenzt werden.
- Immer mehr Paare nutzen die Beobachtung von Zervixschleim und Temperatur auch, um eine Schwangerschaft zu vermeiden. Bei dieser so genannten symptothermalen Methode werden beide Körperzeichen berücksichtigt, um das Ende der fruchtbaren Zeit zu bestimmen. Diese endet entweder am Abend des dritten Tages nach dem Schleimhöhepunkt (siehe Aufzeichnungen im Zyklusblatt Seite 36) oder am Abend der dritten höheren Temperaturmessung – je nachdem, was später eintritt. Auch zu Beginn der fruchtbaren Zeit muss man bei Verhütungsabsicht genaue Regeln befolgen. Weitere Informationen finden Sie in Büchern zur NFP (siehe Literaturempfehlungen ab Seite 181). Die Methode ist so sicher wie Pille oder Spirale, vorausgesetzt, es findet kein ungeschützter Geschlechtsverkehr in der fruchtbaren Zeit statt.

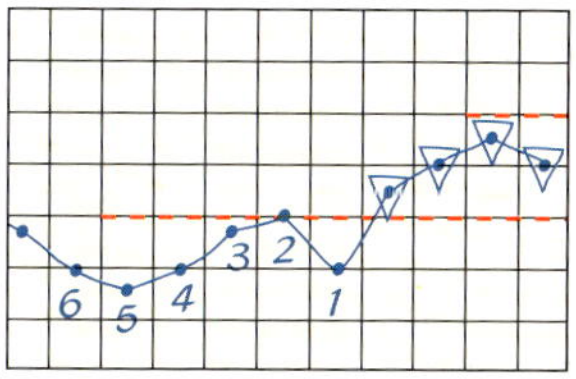

Hier liegt der dritte höhere Wert nicht 2/10 °C über der Hilfslinie. Daher ist eine vierte Messung nötig.

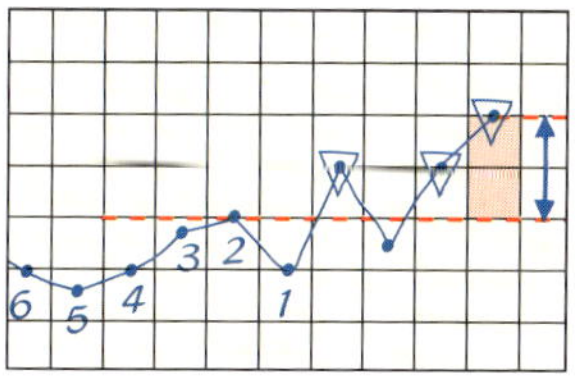

In diesem Beispiel liegt der zweite höhere Wert unter der Hilfslinie, eine vierte Messung ist nötig.

Weitere Signale des Körpers

Die »weiblichen« Geschlechtshormone – Östrogene und Progesteron – kreisen im Blut und beeinflussen daher den gesamten Körper. Das heißt, es kann im Laufe eines Zyklus in allen Körperbereichen Veränderungen geben: Die Haut reagiert bei vielen Frauen auf die hormonellen Prozesse, der Glanz der Augen oder der Haare verändert sich. Auch die Stimmung oder das Gewicht schwanken. Es kann zu Spannungsgefühlen im Bereich der Schamlippen oder in den Brüsten kommen. Blähungen und Verstopfungen treten bei manchen Frauen ebenfalls abhängig vom Zyklus zu bestimmten Zeiten gehäuft auf. Auch das sexuelle Begehren kann sich im Laufe des Zyklus verändern. All diese und andere Symptome nimmt jede Frau ganz individuell mehr oder weniger stark wahr. Es ist hochinteressant, diese Körpersignale im Zyklusblatt – wie in einem Tagebuch – einzutragen (siehe auch Seite 28). Sie können dann feststellen, ob die verschiedenen Zeichen sich in Ihrem Zyklus den Tagen nach dem Eisprung, vor dem Eisprung, oder den Tagen kurz vor der Periode zuordnen lassen. Im Laufe der Zeit werden Sie so Ihren Körper immer besser kennen lernen – und die ganz individuellen Zeichen Ihres persönlichen Zyklus.

Auch wenn es anfangs sehr kompliziert klingt: Im Grunde ist die NFP eine Methode, die ganz einfach in das alltägliche Leben integrierbar ist.

Den Eisprung spüren

Manche Frauen glauben, ihren Eisprung genau zu spüren. Sie meinen damit einen Schmerz, einen Druck oder ein unangenehmes, dumpfes Gefühl im Bereich eines Eierstockes. Dieses Gefühl kann im linken oder rechten Unterbauch spürbar sein oder sich im gesamten Unterbauch ausbreiten. Manchmal strahlt es bis zum Rücken und zum Dammbereich hin aus. Dieser so genannte Mittelschmerz tritt oft einige Tage vor dem Eisprung auf. Als mögliche Ursache wird die Kapselspannung des wachsenden Eibläschens vermutet. Vielleicht ist der Schmerz erst mit oder nach dem Eisprung spürbar, dann vermutlich deshalb, weil das Bauchfell durch die frei werdende Flüssigkeit des Eibläschens gereizt wird. Manchmal dauert der Schmerz nur einige Minuten, unter Umständen hält er aber auch einige Stunden oder sogar mehrere Tage an. Der Schmerz kann so heftig sein, dass der Arzt fälschlicherweise eine Blinddarmentzündung oder eine Eierstockentzündung diagnostiziert. Wichtig: Der Mittelschmerz ist ein sicheres Zeichen der hoch fruchtbaren Zeit. Er wird mit einem »M« im Zyklusblatt vermerkt (siehe Zyklusblatt auf Seite 36/37).

Die Brust verändert sich auch

Viele Frauen merken in der Zeit nach dem Eisprung – also während der so genannten Progesteronphase –, dass ihre Brüste größer, praller und empfindlicher werden. Kurz vor der Periode können sie so stark spannen, dass es unangenehm ist, auf dem Bauch zu liegen oder umarmt zu werden. Bei der Tastuntersuchung fühlt sich die Brust unter Umständen so an, als wäre sie »mit Erbsen gefüllt«. Mit dem Eintreten der Periode wird die Brust wieder weich, die Knötchen verschwinden. Deshalb ist übrigens die Phase vor dem Eisprung, also kurz nach dem Ende der Menstruation, am günstigsten für die Selbstuntersuchung der Brust im Rahmen der Brustkrebsvorsorge.

Wichtig: Das Brustsymptom bestätigt, dass der Eisprung vorbei ist, es ist also ein Zeichen dafür, dass die unfruchtbaren Tage nach dem Eisprung begonnen haben. Das Brustsymptom wird mit einem »B« in das Zyklusblatt eingetragen (siehe Zyklusblatt Seite 37).

Es gibt noch ein anderes Brustsymptom: Vereinzelt spüren Frauen um die Zeit des Eisprungs ein Stechen in der Brust, das nach dem Eisprung verschwindet. Das ist ein Körpersignal für die hoch fruchtbare Zeit.

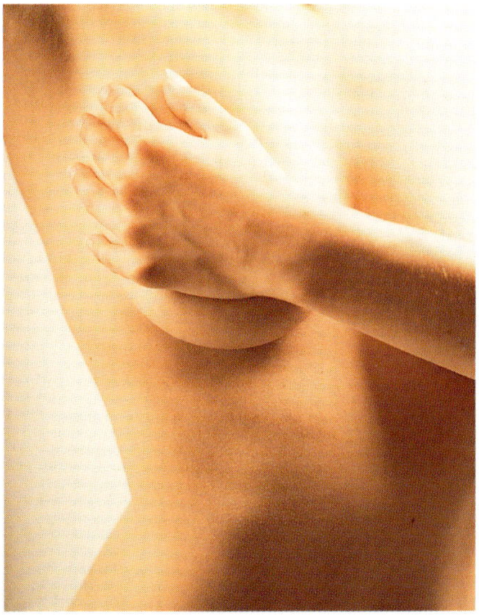

Die Beobachtung und regelmäßige Tastuntersuchung der Brust ist für jede Frau wichtig.

Die Eisprungsblutung

Bei manchen Frauen tritt gelegentlich um die Zeit des Eisprungs herum eine leichte Blutung auf, die so genannte Eisprungsblutung oder Zwischenblutung. Selten jedoch blutet es dabei stark, meist ist nur der Zervixschleim rötlich oder bräunlich verfärbt (siehe Seite 33). Die Eisprungsblutung ist ein Zeichen für die hoch fruchtbare Phase.

In das Zyklusblatt können Sie verschiedene Beobachtungen eintragen (siehe Seite 36/37), je nachdem, wie sich bei Ihnen die Fruchtbarkeit bemerkbar macht.

Selbstuntersuchung des Gebärmutterhalses

Auch der Gebärmutterhals verändert sich im Laufe des Zyklus – ähnlich wie der Zervixschleim und die Temperatur. Diese Veränderungen können Sie fühlen, wenn Sie sich – wie bei einer frauenärztlichen Untersuchung – mit einem oder zwei Fingern in die Scheide vortasten. Eine solche Selbstuntersuchung ist nicht nötig, wenn Sie gelernt haben, Zervixschleim und Körpertemperatur gut zu beobachten. Die Untersuchung kann jedoch hilfreich sein, wenn Sie äußerlich nur wenig oder gar keinen Zervixschleim beobachten. Das kann zum Beispiel nach einer Operation am Muttermund der Fall sein.

Wie sich der Gebärmutterhals im Zyklus verändert

Direkt nach der Periodenblutung ist der Gebärmutterhals geschlossen, hart und ragt relativ tief, zapfenförmig oder kugelig in die Scheide hinein. Er ist jetzt mit dem Finger relativ gut zu erreichen. Der Gebärmut-

So tragen Sie die Beobachtungen zur Gebärmutterhalsuntersuchung in Ihr Zyklusblatt ein.

	Datum	12. Jan. 01	12	13	14	15	16	17	18	19	20	21	22	23	24	25	26	27	28	29	30
Schleim	Blutung Empfinden/Fühlen							trocken	trocken	trocken	trocken	feucht	feucht	feucht	nass	nass	feucht	feucht	feucht	trocken	
Schleim	Aussehen							|	|	|	|	|	weißlich	dehnbar	dehnbar	dehnbar	cremig	dicklich	dicklich	—	
Gebärmutterhals	Lage und Öffnung							•	•	•	•	○	○	○	○	○	•	•	•	•	
Gebärmutterhals	Festigkeit							h	h	h	h	w	w	w	w	w	h	h	h	h	
	Koitus/Verkehr																				
	Fruchtbare Tage																				
	LH-Test																				
	Medizinische Befunde																				

terhals fühlt sich glatt an: ein gut tastbarer Gegensatz zu den rauen, faltigen Scheidenwänden. Mit Beginn der fruchtbaren Zeit wird der Gebärmutterhals weich, öffnet sich etwas und steigt häufig auch höher, so dass er manchmal kaum noch mit den Fingern erreicht werden kann.

Wie wird der Gebärmutterhals richtig untersucht?

Eine Kopiervorlage für das Zyklusblatt finden Sie im Anhang auf Seite 178/179.

Untersuchen Sie Ihren Gebärmutterhals möglichst einmal täglich. Beginnen Sie damit am besten kurz nach der Menstruation. Entleeren Sie vor der Untersuchung Ihre Blase.

Um den Gebärmutterhals zu ertasten, brauchen Sie vielleicht etwas Geduld: Vielen Frauen gelingt es nicht sofort, den Gebärmutterhals zu finden. Probieren Sie es einfach einige Male: Stellen Sie sich dafür am besten leicht vornübergebeugt hin und stellen einen Fuß auf einen Stuhl, das Bett oder den Badewannenrand. Wenn es für Sie angenehmer ist, können Sie sich auch hinsetzen, hocken oder mit angezogenen Beinen hinlegen. Führen Sie ein oder zwei Finger in die Scheide ein und führen Sie diese nach hinten und oben. Versuchen Sie nun, in kreisenden Bewegungen den Gebärmutterhals zu ertasten und mit einem Finger zu umfahren: Fühlt er sich hart an – etwa wie der Nasenknorpel – oder weich, ähnlich wie ein Ohrläppchen oder eine Lippe?

Danach ertasten Sie die Öffnung des Gebärmutterhalses, die sich wie ein Grübchen oder ein Schlitz anfühlt. Die Beobachtungen werden mit folgenden Abkürzungen ins Zyklusblatt eingetragen (siehe Zyklusblatt oben): hart (h) oder weich (w); außerdem je nach Öffnung: ein Punkt (geschlossen), ein kleinerer Kreis (teilweise geöffnet) oder ein größerer Kreis (vollständig geöffnet). Mit der Positionierung der Kreissymbole weiter unten oder etwas höher in der entsprechenden Zeile im Zyklusblatt können Sie zusätzlich noch angeben, wie hoch der Gebärmutterhals etwa steht.

Wichtig: Ist der Gebärmutterhals weich, geöffnet und steht hoch, dann ist das ein Zeichen für die hoch fruchtbare Zeit. Diese hält auch noch in den nächsten zwei bis drei Tagen an, während der sich der Gebärmutterhals schon wieder schließt und fester wird.

Tipp

Natürliche Familienplanung: das Wichtigste auf einen Blick

- Sie haben jetzt einen Einblick erhalten, was Sie alles im Laufe Ihres Zyklus beobachten können. Vieles von dem, was für Ihren individuellen Zyklus typisch ist, fällt Ihnen vielleicht erst nach einiger Zeit auf, etwa der Pickel am Kinn kurz vor der Periode.
- Die wichtigsten Zeichen aber sind die Veränderungen von Zervixschleim und Körpertemperatur, weil diese zum einen von fast allen Frauen beobachtet werden können und außerdem sehr eng mit dem Eisprung verbunden sind.
- Das Ganze hört sich vielleicht etwas kompliziert an. Aber es ist wie mit dem Autofahren: Wenn Sie es einmal »gelernt« haben, ist es ganz einfach. Geben Sie sich auch für die NFP ein bis zwei Monate zum Lernen. In dieser Zeit haben Sie tatsächlich einen gewissen Aufwand. Dieser minimiert sich jedoch rasch: Bald reicht es, wenn Sie jeden Monat nur an bestimmten Tagen die Temperatur messen und einige Male Abkürzungen zu Ihren Schleimbeobachtungen eintragen.
- Häufig treten Fragen auf, sobald Frauen beginnen, ihren Zyklus zu beobachten und aufzuzeichnen. Wenn Sie das Bedürfnis haben, diese Fragen und Ihre persönliche Situation zu besprechen, können Sie sich an eine NFP-Beraterin wenden, die die Methode der Natürlichen Familienplanung selbst praktiziert. Die Malteser haben inzwischen bundesweit über 700 Beraterinnen ausgebildet (Kontaktadresse im Anhang Seite 180). Oder Sie besuchen die Internet-Sprechstunde, die wir speziell für die Leser und Leserinnen dieses Buches anbieten (siehe ab Seite 155).

Weitere Informationen und Tipps zur Natürlichen Familienplanung finden Sie im Anhang (ab Seite 166).

Sex: Wie oft – und wie am günstigsten?

Manche Paare meinen, bei bestehendem Kinderwunsch müssten sie so oft wie möglich Sex haben, am besten täglich. Andere haben gehört, man sollte zuerst eine Woche enthaltsam leben, um Samenzellen zu »sammeln«, und dann in der fruchtbaren Zeit einmal unter »optimalen« Bedingungen verkehren. Zum Glück sind solche starren Regelungen nicht nötig. Es ist zwar richtig: Wenn länger kein Verkehr stattgefunden hat, sind mehr Samenzellen im Erguss (konzentrierter). Allerdings sind auch mehr ältere, untaugliche Samenzellen dabei. Bei häufigem Verkehr dagegen ist der Erguss »verdünnter«, aber der Anteil gesunder, funktionstüchtiger Samenzellen ist größer. Günstig ist, wenn Sie in der fruchtbaren Zeit etwa alle zwei bis drei Tage Verkehr haben (an Tagen mit Zervixschleim bis zur ersten höheren Temperaturmessung). Ob die Frau beim Sex einen Orgasmus hat oder nicht, ändert übrigens nichts an der Empfängniswahrscheinlichkeit. Es wurde auch nie nachgewiesen, dass bestimmte Positionen beim Sex die Wahrscheinlichkeit einer Befruchtung erhöhen.

Zyklusaufzeichnung: Spiegelbild der Hormone

Bei fast allen Frauen tritt hin und wieder ein solch ungewöhnlicher Zyklus auf. Mit Hilfe der NFP können Sie Art und Schweregrad einer Störung herausfinden.

Gerade wenn Frauen sich näher mit den körperlichen Veränderungen und Abläufen im Verlauf des Zyklus beschäftigen, fragen sie sich ab und an auch: Wie vielfältig – wie unregelmäßig darf mein Zyklus sein? Auf den folgenden Seiten können Sie anhand einiger Beispiele die Zyklusstörungen kennen lernen, die bei jeder Frau immer wieder einmal auftreten. Außerdem können Sie mit Hilfe dieser Beispiele üben, ein Zyklusblatt zu lesen. Nehmen Sie am besten ein Blatt Papier und decken Sie das Zyklusblatt unten ab dem 23. Tag zu. Sehen Sie sich nun die erste Zyklusphase an:
Die Frau wundert sich über ein Schleimmuster, das anders ist, als sie es gewohnt ist. Der Zervixschleim tritt kurzfristig auf, verschwindet wieder und erscheint dann erneut: Das ist ein Hinweis auf eine gestörte Ei-

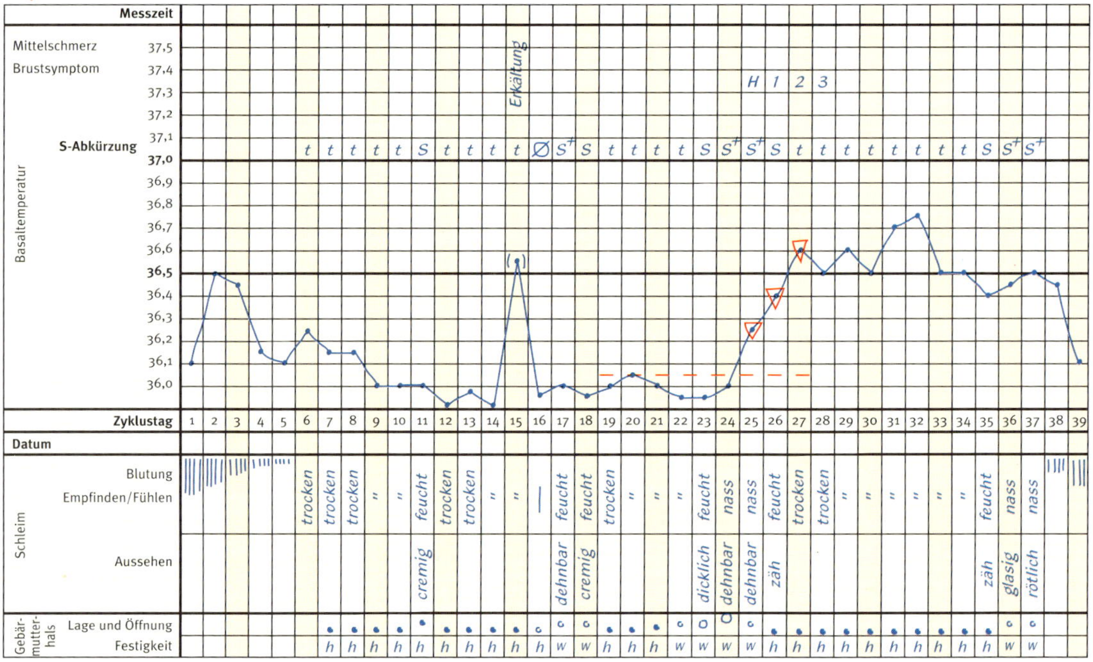

reifungsphase. Die Reifung des Eibläschens wird immer wieder unterbrochen. Der Östrogenspiegel schwankt deshalb. Das alles drückt sich in dem Schleimmuster aus. Die Frau möchte vielleicht wissen, wann ihr Eisprung stattfinden wird. Sie will nämlich in zwei Wochen in den Urlaub fahren und würde gern wissen, wann sie mit ihrer Periode rechnen kann. Das kann sie aber zu diesem Zeitpunkt noch nicht sagen. Decken Sie nun das Blatt bis zum 28. Zyklustag auf: Ein erneuter Höhepunkt des Zervixschleims ist am 25. Zyklustag erkennbar – und auch die Temperaturhochlage beginnt an diesem Tag. Jetzt weiß die Frau, dass sie in etwa 14 Tagen (von der ersten höheren Messung aus gerechnet) mit ihrer Periode rechnen kann (hier also mitten im Urlaub).
Betrachten Sie nun den kompletten Zyklus. Das können Sie daraus lesen: Der gesamte Zyklus ist 37 Tage lang. Zum Eisprung kam es höchstwahrscheinlich um den 25. Zyklustag herum, also später als gewohnt. Weil jedoch die zweite Phase (Gelbkörperphase) ausreichend lang war, hätte die Frau von den hormonellen Bedingungen her höchstwahrscheinlich schwanger werden können. Allerdings zu einem Zeitpunkt, an dem sie ohne Selbstbeobachtung fast schon mit der nächsten Periode gerechnet hätte!

Bei unregelmäßigen Zyklen oder bei auftretenden Störungen kann die NFP helfen, mögliche Ursachen zu finden.

Früher oder später Eisprung: Welche zeitlichen Abweichungen sind normal?

Am Zyklusanfang sind dem Eisprung zeitlich Grenzen gesetzt: Er tritt so gut wie nie vor dem achten Zyklustag auf, da zuerst eine bestimmte hormonelle Situation im Körper geschaffen werden muss (siehe auch Seite 19). Nach hinten jedoch kann sich der Zeitpunkt des Eisprungs eigentlich unbegrenzt verschieben. In bestimmten Situationen kann er auch mehrere Monate lang völlig ausbleiben. Das ist manchmal sogar ganz normal, zum Beispiel in der Stillzeit, während der Wechseljahre oder bei jungen Mädchen in den Jahren nach ihrer ersten Periode. Der Eisprung verspätet sich möglicherweise auch in gewissen Stresssituationen, allerdings meist nur um wenige Wochen.
Bei Leistungssportlerinnen setzt der Zyklus unter Umständen vorübergehend ganz aus (mögliche Ursachen Seite 75). Auch nach dem Absetzen der Pille tritt der Eisprung bei vielen Frauen eine Zeit lang immer wieder verspätet auf.

Wie lange dauert ein durchschnittlicher Zyklus?

Eines der wichtigsten Forschungsergebnisse im Bereich der Gynäkologie zu Beginn des 20. Jahrhunderts war das folgende: Der Eisprung findet 12 bis 16 Tage vor der nächsten Periode statt – egal wie lang der Zyklus ist! Die so genannte Temperaturhochlage (siehe Seite 41) dauert also entsprechend 10 bis 17 Tage. Weil diese Phase innerhalb eines Zy-

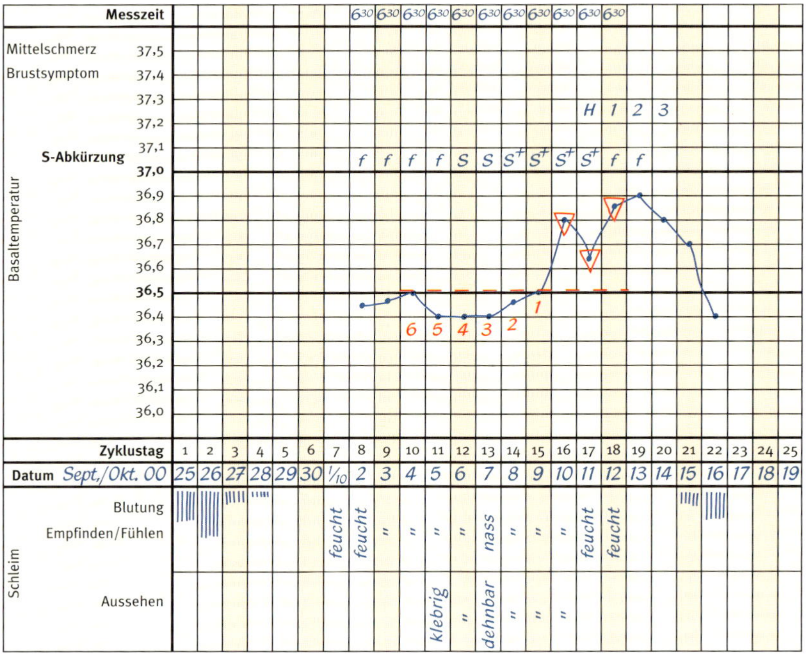

Aus diesem Zyklus ist eine Gelbkörperschwäche ablesbar: Die Zeit vom Eisprung bis zur nächsten Regelblutung ist so kurz, dass sich eine befruchtete Eizelle wahrscheinlich kaum in der Gebärmutter einnisten könnte.

klus also immer relativ konstant ist, hängt die gesamte Zykluslänge von der Länge der ersten Phase ab. Mit anderen Worten: Die Länge eines Zyklus wird davon bestimmt, ob der Eisprung früher oder später stattfindet. Als normal gelten Zykluslängen von 22 bis 35 Tagen. Gewisse Unregelmäßigkeiten sind dabei ganz normal: Wenn Frauen über einen Zeitraum von zwei Jahren ihren Zyklus beobachten, registrieren fast zwei Drittel von ihnen, dass die Länge ihrer Zyklen um acht Tage oder mehr schwankt.

Verkürzte Temperaturhochlage

Wenn die Zeit der Temperaturhochlage kürzer als zehn Tage ist, spricht man von einer verkürzten Hochlage. Diese beruht in der Regel auf einer Gelbkörperschwäche. Bei einer solchen Störung könnte der Zyklus so aussehen wie im Zyklusblatt oben: In diesem Zyklus dauert die Temperaturhochlage nur sechs Tage. Das ist ein deutlicher Hinweis auf eine Gelbkörperschwäche.

In solch einem Zyklus kann keine Schwangerschaft eintreten. Der Grund dafür: Die Gebärmutterschleimhaut beginnt auch in normal langen Zyklen bereits einige Tage vor der Periode, sich abzubauen. Beginnt in einem Zyklus mit Gelbkörperschwäche dieser Abbau nun noch kürzer nach dem Eisprung, bleibt dem Embryo nicht genug Zeit, sich einzunisten.

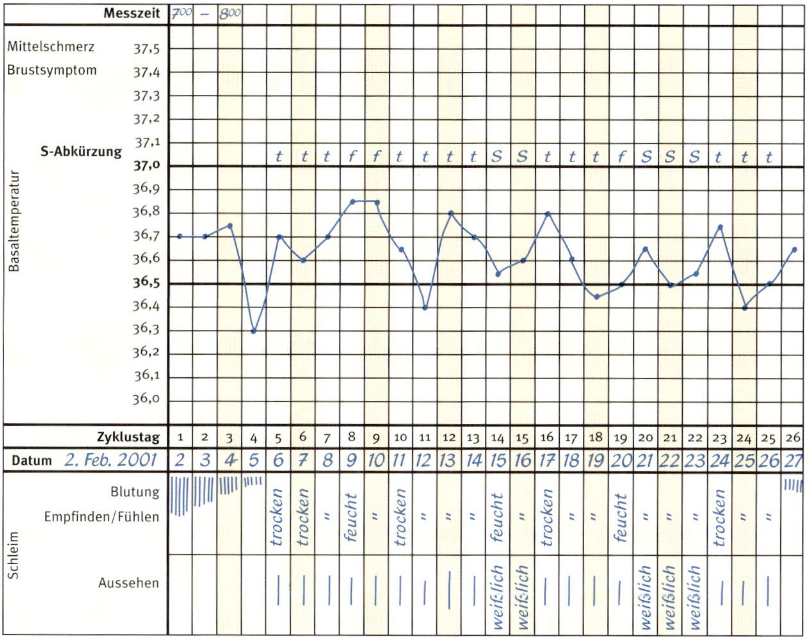

Wenn die Temperaturkurve im Verlauf eines Zyklus keinen Anstieg zeigt, hat vermutlich kein Eisprung stattgefunden.

Wenn die Temperatur gar nicht ansteigt

Wenn die Temperatur im Laufe eines Zyklus gar nicht ansteigt, ist das ein relativ sicheres Zeichen, dass auch kein Eisprung stattgefunden hat. Betrachten Sie dazu das Zyklusblatt oben: Der Zyklus zeigt keine Temperaturhochlage – hier hat kein Eisprung stattgefunden, deshalb kann es auch nicht zu einer Schwangerschaft kommen. Das ist aber kein Grund zur Sorge: Gelegentlich kann es bei jeder Frau einmal vorkommen, dass sie einen Zyklus hat, in dem sie nicht schwanger werden kann. Sei es, weil kein Eisprung stattfindet oder weil eine Gelbkörperschwäche auftritt.
Wichtig: Bei manchen Frauen ist es einfach so, dass sie in einem Zyklus eine gute Chance haben, schwanger zu werden, und in einem anderen Zyklus nicht. Die Fruchtbarkeit ist also oft kein »Entweder-oder«, kein entweder fruchtbar oder unfruchtbar, sondern sie kann bei ein und derselben Frau manchmal mehr, dann wieder weniger gut sein.

Verlängerte Temperaturhochlage

Wenn die Temperatur länger als 17 Tage erhöht bleibt, ist es zu einer Schwangerschaft gekommen. Sie können bei genauer Körperbeobachtung anhand Ihrer Aufzeichnungen relativ sicher feststellen, wann Ihr Kind entstanden ist. Das bringt mehrere Vorteile mit sich: Oft können Sie so überflüssige Untersuchungen oder Fehldiagnosen vermeiden helfen. Wenn Sie den Empfängnistermin (also den Tag des Eisprungs) in etwa kennen, können Sie das Schwangerschaftsalter und den voraussichtlichen Geburtstermin Ihres Kindes genauer bestimmen als anhand des Datums der letzten Menstruation.

Tipp

So errechnen Sie den voraussichtlichen Geburtstermin
Die Formel lautet: Tag der ersten höheren Messung minus sieben Tage minus drei Monate plus ein Jahr = Geburtstermin
An einem Beispiel berechnet, könnte das so aussehen:
15.10.2000 – 7 Tage = 8.10.2000
– 3 Monate = 8.7.2000
+ 1 Jahr = 8.7.2001 (voraussichtlicher Geburtstermin)

Ungewohnter Zyklusverlauf: ab wann zum Frauenarzt?

Abweichungen sind normal. Auch einige Beschwerden, die im Verlauf des Zyklus auftreten, sind zwar oft unangenehm, aber nicht gefährlich. Es gibt jedoch Situationen, die Ihr Frauenarzt beurteilen sollte:

- Dies ist der Fall, wenn bestimmte Zyklusstörungen häufiger auftreten (zum Beispiel verkürzte Temperaturhochlage, Zyklen ohne Temperaturanstieg, wochenlanges Ausbleiben der Periode).
- Manche Blutungen sollten Sie umgehend abklären lassen. Mit Hilfe der NFP können Sie besser erkennen, welche Ihr Frauenarzt beurteilen sollte und welche harmlos sind: Zu den unbedenklichen Blutungen zählen Schmierblutungen, die kurz vor der Periode auftreten und bis zur Periode dauern. Auch Zwischenblutungen, die um die Zeit des Eisprungs auftreten, sind in der Regel harmlos. Mit allen anderen Blutungen sollten Sie zum Arzt gehen. Dazu gehören Blutungen, die nach dem Verkehr auftreten, Blutungen, die nicht dem Eisprung oder der Periode zuzuordnen sind, und Schmierblutungen, die länger als vier Tage vor der Periode beginnen. Diese Blutungen können harmlos sein, etwa bedingt durch eine kleine gutartige Geschwulst an der Gebärmutter, durch eine Entzündung, ein kleines Geschwür am Gebärmutterhals oder eine Hormonstörung. In seltenen Fällen können sich dadurch aber auch ernsthafte Erkrankungen ankündigen.

Wenn Sie Ihren Körper im Rahmen der NFP beobachten, können Sie oft auch Symptome wie Blutungen oder Bauchschmerzen sicherer beurteilen.

- Wenn Bauchschmerzen länger anhalten und nicht direkt mit der Zeit des Eisprungs zu tun haben, können sie auf Entzündungen der Eierstöcke, des Blinddarms, der Blase oder der Gebärmutter hinweisen. Auch sehr starke Periodenschmerzen sollten Sie abklären lassen. Diese könnten auf eine Endometriose hinweisen (siehe Seite 78 und ab Seite 122).

Zykluscomputer – eine Hilfe?

Es gibt inzwischen eine ganze Reihe von Zykluscomputern, die Sie in Apotheken rezeptfrei kaufen können. Die Geräte werden meist verwendet, um eine Schwangerschaft zu verhüten. Teilweise eignen sie sich jedoch auch, um den Zeitraum zu ermitteln, der für eine Empfängnis besonders günstig ist und Sie so auf Ihrem Weg zum Wunschkind zu begleiten.

So funktionieren diese Computer

Zykluscomputer sind kleine Rechner. Sie arbeiten grundsätzlich alle nach dem gleichen Prinzip: Bestimmte Vorgänge in Ihrem Körper, die sich im Laufe des Zyklus verändern, werden gemessen. Auf der Grundlage dieser ermittelten Werte zeigen Ihnen die Geräte an, ob Sie gerade fruchtbar sind oder nicht. Häufig soll der Eindruck vermittelt werden, dass Zykluscomputer Ihre fruchtbaren Tage genauer und zuverlässiger anzeigen können, als es Ihnen allein durch die sorgfältige Beobachtung Ihres Körpers möglich wäre. Das stimmt nicht – zumindest im Hinblick auf alle bisher erhältlichen Geräte.

Zykluscomputer können bei der Verhütung und bei der Zeugung eines Babys hilfreich sein.

Richtig ist vielmehr: Einige der Zykluscomputer messen Phänomene, die Sie einfach nicht sehen oder spüren können, zum Beispiel bestimmte Hormone, die Ihr Körper ausscheidet, oder den Kohlendioxidgehalt in Ihrer Atemluft. Richtig ist außerdem: Die meisten Computer ersparen Ihnen Arbeit. Sie müssen nicht per Hand Messwerte oder

Gar nicht so einfach: unter allen Zykluscomputern den zu finden, der den individuellen Bedürfnissen am besten gerecht wird.

Beobachtungen notieren und danach selbst auswerten. Auf einem Display können Sie recht einfach ablesen, ob der Zeitpunkt für eine Empfängnis gerade günstig ist oder nicht. Der Gebrauch eines Zykluscomputers kann aber die Selbstbeobachtung nicht wirklich ersetzen.

Die Qual der Wahl ...

Welcher Zykluscomputer ist aber nun der richtige für Sie? Wir stellen Ihnen hier die Geräte vor, die für Sie interessant sein könnten. Sieben dieser Geräte beziehungsweise Computer wurden von der Stiftung Warentest geprüft: Die Ergebnisse können Sie im Heft 8/2000 nachlesen. In Bezug auf den Einsatz der Computer bei Kinderwunsch haben wir uns an der Universität Düsseldorf im Rahmen von Forschungsprojekten mit verschiedenen Modellen eingehend beschäftigt.

Die Computer arbeiten nach dem Prinzip, dass sie verschiedene Abläufe im Monatszyklus messen und interpretieren.

Die Computer unterscheiden sich grundsätzlich danach, welche körperlichen Symptome der Fruchtbarkeit gemessen werden: Es gibt Temperaturcomputer, die die Fruchtbarkeit anhand der gemessenen Körpertemperatur ermitteln. Hormonmessgeräte bestimmen die fruchtbaren Tage, indem der Östrogengehalt und die Menge des LH (siehe ab Seite 17) im Urin gemessen werden. Daneben gibt es noch ein CO_2-Messgerät (siehe Kasten Seite 58), das den Gehalt des Kohlendioxids in der Atemluft feststellt, um so die fruchtbare Phase zu ermitteln.

Tipp

Falls Sie bereits zur Verhütung einen Zykluscomputer eingesetzt haben und mit dem Gerät zufrieden waren, können Sie es auch problemlos weiter nutzen, um die Erfüllung Ihres Kinderwunsches zu unterstützen.

Temperaturcomputer

Temperaturcomputer bestimmen die fruchtbaren Tage nach unterschiedlichen Methoden. Dies geschieht auf Grundlage der täglich gemessenen Aufwachtemperatur, die bis auf 1/10 °C angezeigt wird. Bei Anwendung des Temperaturcomputers ist es in den ersten Monaten nicht möglich, den Beginn der fruchtbaren Phase zuverlässig zu bestimmen. Die Geräte vergleichen die jeweils aktuellen Daten mit Messungen aus vorangegangenen Zyklen der Anwenderin. Aufgrund dieser Berechnungen zeigen die Computer auch die hoch fruchtbare Zeit an, also die Zeit, in der Sie am ehesten schwanger werden können. Einige dieser Computer geben nach einer möglichen Befruchtung Prognosen zum Geschlecht des Kindes ab. Solche Vorhersagen sind jedoch nicht möglich (siehe auch Seite 63).

Babycomp und Ladycomp

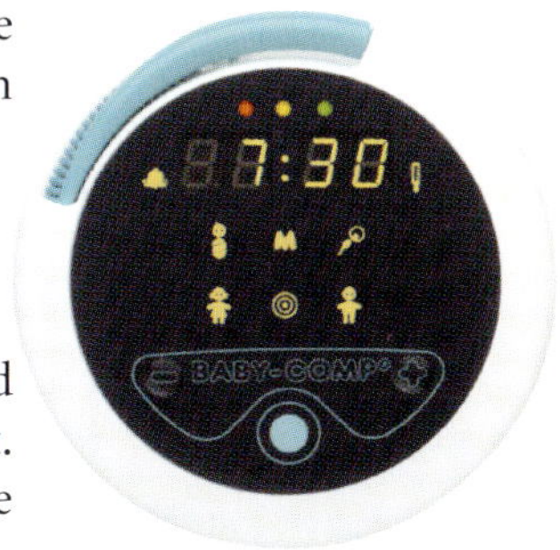

Ausstattung und Anwendung: Beide Geräte sind ähnlich aufgebaut. Sie sind bereits relativ lange auf dem Markt. Das runde Gehäuse hat einen Temperaturfühler zum Messen der morgendlichen Aufwachtemperatur. Diesen Fühler behält man mindestens 60 Sekunden lang im Mund. Dann zeigt das Gerät an, wie die Fruchtbarkeit aktuell ist (hoch fruchtbar – nicht fruchtbar).

Funktionsweise und Besonderheiten: Die hoch fruchtbare Phase wird aufgrund der eingegebenen Werte aus den vorherigen Zyklen geschätzt. Teilweise geben sie diesen Zeitraum allerdings sehr großzügig an. Die Messzeit ist kurz, die Anzeigen sind gut lesbar. Beim Babycomp sind einige zusätzliche Funktionen integriert wie eine Weckfunktion.

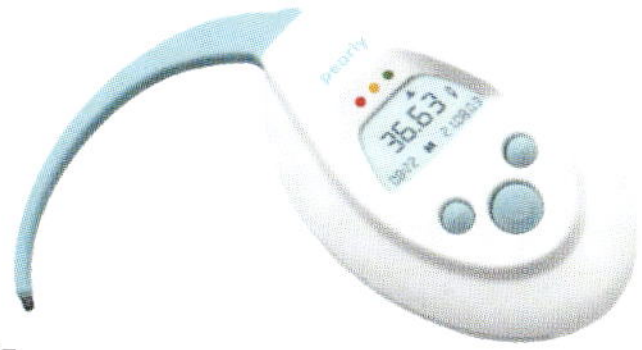

Eignung bei Kinderwunsch: Die Computer sind bei Kinderwunsch ausreichend geeignet. Der Ladycomp ist zum Verhüten ausgewiesen, der Babycomp für den Kinderwunsch. Beide Geräte sind jedoch im Grunde gleich. Neben dem Ladycomp wird neuerdings auch der Pearly angeboten. Er ist gleich sicher und mobil einsetzbar (Batteriebetrieb).

Preis: Ladycomp: ca. 500 €, Babycomp: 800 €, Pearly: 300 €

Cyclotest 2 Plus

Ausstattung und Anwendung: Dieser Zykluscomputer ist deutlich kleiner als der Babycomp/Ladycomp und deshalb besonders praktisch, falls Sie häufig verreisen. Auch dieses Gerät misst die Temperatur beim Aufwachen mit Hilfe eines kleinen Temperaturfühlers, der für 60 bis 90 Sekunden in den Mund eingeführt wird. Sie können sich von der integrierten Weckfunktion daran erinnern lassen.

Funktionsweise und Besonderheiten: Auf dem Display zeigt das Gerät keine konkreten Temperaturwerte, sondern Abweichungen von einem Bezugswert an. Diesen bilden die Messdaten aus früheren Zyklen der Benutzerin. Der Bezugswert wird in jedem Zyklus neu geeicht. Auch Cyclotest 2 Plus erfasst die fruchtbare Zeit und gibt darüber hinaus die hoch fruchtbare Zeit an. Das »Plus« in dem Gerätenamen weist darauf hin, dass es möglich ist, zusätzlich zur Temperatur ein weiteres Symptom zu messen. Zum Beispiel die Schleimbildung oder den LH-Höhepunkt im Urin. Die Batterien halten zehn Jahre lang.

Eignung bei Kinderwunsch: Das Gerät ist gut geeignet. Durch die Kombination zweier verschiedener Methoden kann es die hoch fruchtbare Phase genauer bestimmen.

Preis: Der Preis liegt bei 150 € (inklusive fünf LH-Teststäbchen für Frauen mit Kinderwunsch). Beim Nachkauf kosten die fünf Teststäbchen zwischen 30 und 35 €.

Bioself -SymptoTherm

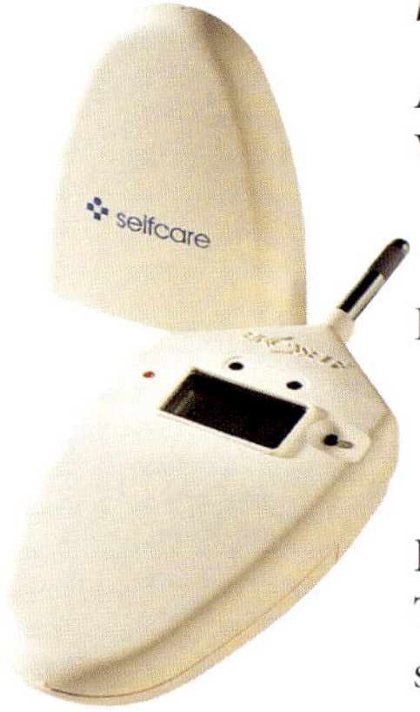

Ausstattung und Anwendung: Auch Bioself-SymptoTherm ist mit seinen Vorläufern schon lange auf dem Markt. Die Thermometerspitze sitzt fest am Gerät auf. Sie können damit im Mund, in der Scheide oder im Po die Temperatur messen. Nach etwa zwei Minuten wird durch Lichtsignal auf dem Display der Stand der Fruchtbarkeit angezeigt.
Funktionsweise und Besonderheiten: Die als fruchtbar erfasste Zeit ist, im Vergleich zu den oben genannten Geräten, etwas kürzer. Das ist – wenn Kinderwunsch besteht – durchaus positiv.
Eignung bei Kinderwunsch: Bei Kinderwunsch ist Bioself-SymptoTherm ausreichend geeignet. Zum sicheren Verhüten einer Schwangerschaft ist das Gerät nur mit der symptothermalen Methode (s. S. 41) zu empfehlen.
Preis: Der Preis liegt bei 150 €.

Hormonmessgeräte

Hormonmessgeräte bestimmen die fruchtbaren Tage aufgrund des Gehalts an den Hormonen Östrogen und LH im Urin. Die beiden Hormonspiegel entwickeln sich parallel zum Wachstum der Eibläschen (siehe auch ab Seite 17).

PERSONA und CLEARPLAN

Die Geräte PERSONA und CLEARPLAN Fertility Monitor unterscheiden sich nur in Design und Anwendungsziel. Außerdem kann man bei CLEARPLAN bei Bedarf mehr Teststreifen als bei PERSONA einsetzen. Für Frauen mit sehr langen oder unregelmäßigen Zyklen ist CLEARPLAN daher besser geeignet, da für sie die bei PERSONA angebotenen acht Hormonstreifen häufig nicht ausreichen.
Ausstattung und Anwendung: Das Hormonmessgerät PERSONA wurde ursprünglich zum Verhüten einer Schwangerschaft entwickelt. Es zeigt die fruchtbare Zeit lediglich durch ein rotes Lichtsignal an. Dann brachte der Hersteller das Nachfolgegerät CLEARPLAN Fertility Monitor auf den Markt: ein Gerät für den Kinderwunsch, das in einer Balkenanzeige die zunehmende Fruchtbarkeit im Zyklus darstellt.

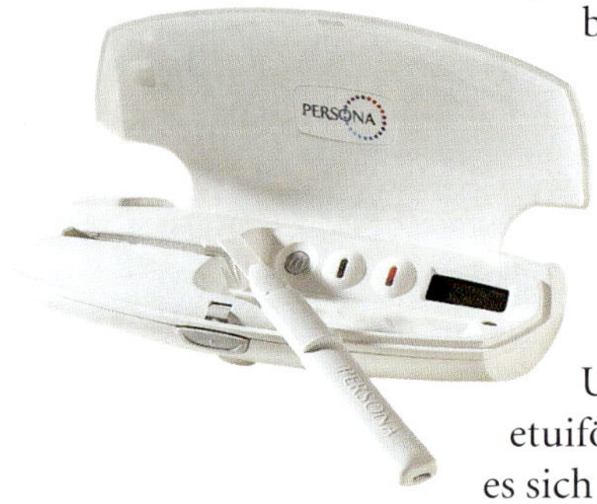

Funktionsweise und Besonderheiten: Tests sind üblicherweise nur an acht Tagen pro Zyklus notwendig: Die Frau hält dann morgens etwa drei Sekunden lang einen Teststreifen in den Urinstrahl, verschließt den Streifen und steckt ihn in ein brillenetuiförmiges Gerät. Ein rotes Signallämpchen leuchtet dann auf, wenn es sich um einen fruchtbaren Tag handelt.

Eignung bei Kinderwunsch: Wir haben in einer großen Studie getestet, wie sicher PERSONA die fruchtbare Zeit anzeigt. Unter dem Aspekt, wie gut sich das System eignet, um schwanger zu werden, hat die Universität Münster das Gerät CLEARPLAN getestet und dabei einen positiven Eindruck bekommen. Um eine Schwangerschaft ausreichend sicher zu verhüten, ist PERSONA nicht geeignet. Die Eignung bei Kinderwunsch ist jedoch gut.
Preis: Die Starterpackung PERSONA mit dem Gerät und 16 Teststäbchen kostet circa 80 €. Hinzu kommen monatlich 10 bis 15 € für die Teststäbchen.
Das Starterpack für CLEARPLAN kostet etwa 150 € und die nötigen Teststäbchen nochmals circa 35 € monatlich.

Auswertungsprogramme für den Computer

Es gibt verschiedene Computerprogramme, die Ihnen helfen können, die durch Selbstbeobachtung bei der NFP gewonnenen Daten auszuwerten. Sie basieren auf der Methode der Arbeitsgruppe Natürliche Familienplanung (NFP) und sollen die Methode erleichtern: Sie müssen nur noch die Temperatur messen und den Zervixschleim beobachten lernen – der Computer wertet für Sie die eingegebenen Daten aus und bestimmt dann auf dieser Grundlage die fruchtbaren Tage.

Neben den Zykluscomputern gibt es auch verschiedene Computerprogramme, die in Zusammenhang mit der NFP verwendet werden können.

Ausstattung und Anwendung: Geben Sie einfach die Temperaturwerte sowie die Beobachtungen zum Zervixschleim (und gegebenenfalls zum Gebärmutterhals) in den PC ein. Auch zusätzliche Angaben (siehe ab Seite 42) können eingetragen werden. Sie können dann jederzeit abfragen, wann der Schleimhöhepunkt stattfand, welche Tage fruchtbar, welche unfruchtbar sind. Es kann auch ein Überblick über die vorangegangenen Zyklen erstellt werden. Die einzelnen Zyklen kann man darüber hinaus ausdrucken.
Funktionsweise und Besonderheiten: Die Programme nehmen Ihre Auswertungsarbeit ab: Sie geben die Ergebnisse der Selbstbeobachtung ein – der Computer erledigt den Rest. Nachteil: Ist kein Computer verfügbar, müssen die Daten notiert und später eingegeben werden. Alternativen: Wenn Sie häufig reisen, wäre ein Laptop günstig. Oder Sie lernen, Ihre Beobachtungen selbst auszuwerten (siehe ab Seite 34).
Eignung bei Kinderwunsch: Die Benutzung eines Computerprogramms ist oft etwas umständlich, aber davon abgesehen geeignet.
Preis: Die Software kostet zwischen 45 € und 60 €.

Das Wichtigste in Kürze

Wenn Sie NFP praktizieren, lernen Sie Ihren Körper und die Signale der Fruchtbarkeit sehr sicher zu erkennen (siehe ab Seite 25). Doch auch mit den Temperatur- und Hormoncomputern haben Sie durchaus eine gute Möglichkeit in der Hand, um die fruchtbaren Tage festzustellen.

Zykluscomputer im Überblick

Gerät (Hersteller)	Computer-/ Testprinzip	Anwendung	Für Kinderwunsch geeignet?
Babycomp, Ladycomp und Pearly (Valley Electronics GmbH)	Temperatur-computer	Messen der morgendlichen Aufwachtemperatur mit einem Temperaturfühler im Mund	Ausreichend geeignet
Cyclotest 2 Plus (UEBE GmbH)	Temperatur-computer	Messen der morgendlichen Aufwachtemperatur mit einem Temperaturfühler im Mund	Gut geeignet
Bioself -Sympto-Therm (Selfcare GmbH)	Temperatur-computer	Messen der morgendlichen Aufwachtemperatur mit einem Temperaturfühler im Mund, im Po oder in der Scheide möglich	Ausreichend geeignet
PERSONA (Unipath)	Hormoncomputer	8-mal im Monat morgens für 3 Sekunden einen Teststreifen in den Urinstrahl halten, dann den Streifen in das Gerät einlegen	Ausreichend geeignet
CLEARPLAN Fertility Monitor (Unipath)	Hormoncomputer	8-mal (oder öfter) pro Monat morgens für 3 Sekunden einen Teststreifen in den Urinstrahl halten, dann den Streifen in das Gerät einlegen	Gut geeignet

Wenn ein unerfüllter Kinderwunsch besteht, geht es auch darum, den Zeitpunkt des Eisprungs möglichst eng einzugrenzen.
Welche Möglichkeiten es neben der NFP (siehe ab Seite 25) und dem Einsatz von Zykluscomputern noch gibt, um die fruchtbare Zeit im Zyklus zu erkennen, erfahren Sie auf Seite 58 – und auch, wie gut diese Alternativen geeignet sind.

Vorteile	Nachteile	Sonstiges	Circa-Preis in DM/Euro
Großes Display; sehr kurze Messzeit (oft nur 30 Sekunden)	Gelbes Licht im Display (Computer kann den Wert nicht sicher zuordnen) sagt nichts über aktuelle Fruchtbarkeit aus; unhandlich auf Reisen; teilweise fruchtbare Zeit recht großzügig angegeben	Datenausdruck nur nach Einschicken möglich Pearly: mobil einsetzbar	Babycomp: circa 750 Euro Ladycomp: circa 500 Euro Pearly: circa 300 Euro
Relativ kurze Messzeit (etwa 60 bis 90 Sekunden); es sind Zusatzeingaben wie LH-Wert oder Beobachtungen zum Zervixschleim möglich	Es werden keine absoluten Temperaturwerte angezeigt (nur Differenz zu vorangegangenen Werten)	Datenübertragung per Telefon möglich	circa 150 Euro (und eventuell laufende Kosten für Teststäbchen, monatlich circa 35 Euro)
Gerät sehr kompakt; einfache Eingabe	Eintragen des Zyklusbeginns nur am ersten Zyklustag möglich (bei anderen Computern auch nachträglich möglich)	Datenübertragung per Telefon möglich	circa 150 Euro
Einfache Displaygestaltung; monatlich nur 8 Messungen nötig	liefert keine wirkliche Zyklusinformation; für sehr unregelmäßige Zyklen nicht geeignet	Datenausdruck möglich	Starterpackung 80 Euro (laufende Kosten 10 bis 15 Euro pro Monat)
Einfache Handhabung; durch Einsatz von mehr Teststäbchen ist er auch für unregelmäßige Zyklen geeignet			Starterpackung 150 Euro, dazu laufende Kosten pro Monat circa 35 Euro

Was es sonst noch gibt ...

Minimikroskope

Minimikroskope stellen das so genannte Farnkrautphänomen entweder im Speichel oder im Zervixschleim dar. Die Frau gibt etwas Speichel auf ein kleines Glasplättchen, lässt ihn trocknen und betrachtet das Ergebnis unter einem Minimikroskop. In der fruchtbaren Zeit soll der Speichel in einem Farnblattmuster kristallisieren (siehe Abbildung links). Das klingt in der Theorie gut. Praktisch sind die Geräte leider wenig brauchbar, da mit ihrer Hilfe die fruchtbaren Tage häufig nicht entdeckt werden:

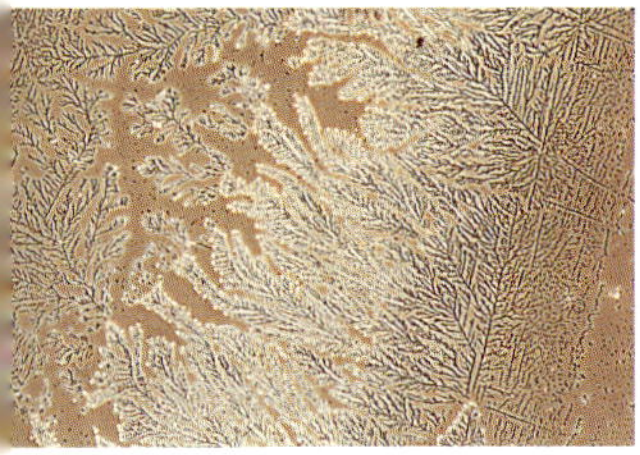

Das so genannte Farnkrautphänomen ist unter Spezialmikroskopen gut darstellbar, unter einfachen Minimikroskopen jedoch kaum zu erkennen.

Widerstandsmessgeräte

Ein solches Gerät misst mit zwei Sonden: mit einer den Widerstand des Speichels in der Mundhöhle, mit der anderen den in der Scheide. Widerstandsänderungen im Speichel zeigen den Beginn, Änderungen im Scheidenbereich das Ende der fruchtbaren Zeit an. Der Cue Fertility Monitor™ ist in Deutschland noch nicht erhältlich, wurde aber weltweit schon relativ häufig getestet. Während das Gerät sich auf dem Verhütungssektor nicht bewährt hat, kann es unter Umständen hilfreich sein, um eine Schwangerschaft zu erzielen.

CO_2-Messgerät

Bereits seit den 50er Jahren weiß man, dass sich während des Zyklus der Gehalt an Kohlendioxid (CO_2) in der Atemluft der Frau verändert. Damals gab es jedoch keine handlichen Geräte, um dieses Phänomen zu messen. Inzwischen gibt es ein CO_2-Messgerät. Sie können damit feststellen, wann sich der Gehalt des Kohlendioxids in Ihrer Atemluft deutlich verändert. Nach Untersuchungen an der Erlanger Universität soll die Konzentration etwa ein bis zwei Tage vor dem Eisprung stark absinken. Entsprechende Messgeräte sind also für Frauen mit Kinderwunsch durchaus eine interessante Alternative. Bisher wurden jedoch nur kleinere Studien dazu durchgeführt.

Aktiv werden – das Leben ändern

Dass der Kinderwunsch eines Paares unerfüllt bleibt, liegt heute häufig auch an den Umwelt- und Arbeitsbedingungen, die das moderne Leben mit sich bringt (siehe auch Seite 84). Mit einigen dieser Faktoren muss man sich arrangieren. Andere – etwa die Ernährung, Lebensführung oder auch die lieb gewordenen kleinen »Laster« – kann man zumindest teilweise beeinflussen.

Stress im Alltag

Unser Leben ist heute in vielem einfacher als noch das unserer Großeltern: Kaum jemand muss körperlich noch so angestrengt arbeiten wie Generationen vor uns. Gleichzeitig sind wir aber mehr und mehr Reizen ausgesetzt, die immer schneller verarbeitet werden müssen. Alles, was um uns herum passiert, beeinflusst unser Befinden – und kann Stress auslösen.

Wenn äußere Einflüsse den Menschen stimulieren und positiv herausfordern, spricht man von Eu-Stress: Der Mensch ist wach, aufmerksam und angeregt. Ist das Verhältnis zwischen diesen Anregungen und Ruhephasen ausgewogen, fühlt man sich im Allgemeinen wohl.

Nehmen Sie Ihren Alltag unter die Lupe: Welche Stressfaktoren lassen sich vermeiden?

Negative Einflüsse, die Anspannung, Angst oder Ärger hervorrufen, führen zu so genanntem Dis-Stress. Dieser schädliche Stress hält auch während der Ruhezeiten an und beeinflusst auf Dauer das Leben negativ. Wir alle kennen die eine oder andere der zahlreichen Ursachen für

Streit, ständige Probleme in der Partnerschaft: Das sind Faktoren, die Körper und Seele zermürben.

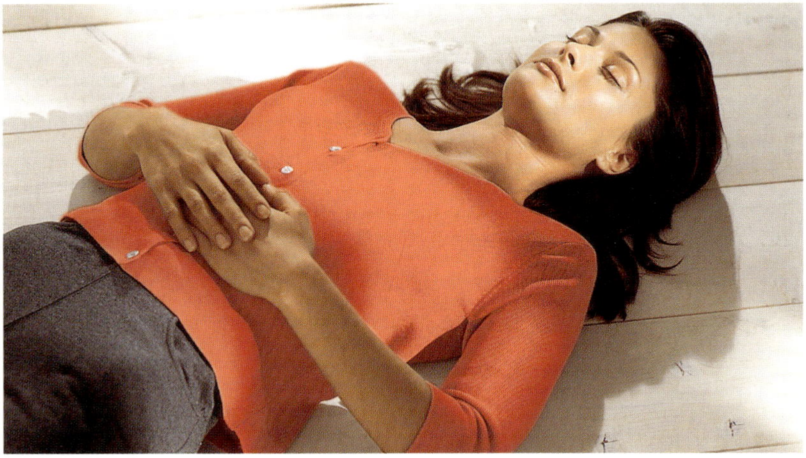

Mit geeigneten Entspannungs- und Atemübungen unterstützen Sie Körper und Geist in stressigen Zeiten.

Dis-Stress (siehe Kasten unten). Dis-Stress kann verschiedene körperliche Symptome nach sich ziehen, etwa Erschöpfung, Nervosität oder Schlafstörungen. Auch eine Magenschleimhautentzündung oder Durchblutungsstörungen können die Folge von Dis-Stress sein. Bei Frauen kann es zu Zyklusstörungen kommen. Manchmal bleibt die Menstruation sogar ganz aus (Amenorrhoe), weil Dis-Stress den Prolaktinwert im Blut erhöhen kann. Das wirkt sich störend auf die Eizellreifung aus. Auch bei Männern kann die Samenbildung negativ beeinflusst werden.

Ob entspannende Hobbys, Sport, Atemtechniken oder eine geeignete Therapie Ihnen beim »Stressmanagement« helfen können, entscheiden Sie selbst. Hinweise auf entsprechende Bücher finden Sie ab Seite 183.

Es gibt kein Patentrezept, wie Sie Stress mindern oder gar völlig vermeiden können. Zu unterschiedlich sind die Ursachen für Stress, und zu verschieden ist jeder Einzelne in seiner Persönlichkeit und in der Art, wie er auf schädlichen Dis-Stress reagiert. Wenn negativer Stress Ihnen jedoch das Leben schwer macht, sollten Sie unbedingt fachkundige Hilfe suchen: Quälen Sie sich nicht unnötig mit psychischen Belastungen und den körperlichen Folgen. In therapeutischen Gesprächen, die auf Ihre ganz individuelle Situation eingehen, können Sie wirksame Strategien entwickeln. Neben einer Therapie können auch Yoga oder andere meditative Verfahren, Entspannungs- oder Atemtechniken helfen.

Das macht uns richtig »Stress«

- Überforderung in Privatleben oder Beruf
- drohende Arbeitslosigkeit
- Geldsorgen
- Krankheit (eigene oder die naher Freunde oder Angehöriger)
- Probleme in der Partnerschaft
- fehlende Anerkennung

Die Last mit dem Gewicht

Gutes Essen gehört zum guten Leben – und inzwischen hat etwa jeder sechste Bundesbürger Übergewicht! Das Fettgewebe verhält sich wie ein »hormonproduzierendes Organ«. Deshalb wirkt sich ein zu hoher Fettanteil im Körper bei Frauen auf den Zyklus aus: Frauen mit Übergewicht haben häufiger Zyklusstörungen. Außerdem tritt neben dem Übergewicht oft ein erhöhter Insulinspiegel auf. Dieser hat direkten Einfluss auf die Funktion der Eierstöcke.

Tipp

So können Sie Ihr Gewicht einschätzen

Um das optimale Körpergewicht zu bestimmen, errechnet man heute den Body-Mass-Index (BMI). Dazu ermittelt man das Körpergewicht in Kilogramm und teilt diese Zahl durch die Körperlänge in Metern zum Quadrat. Die Formel für den BMI lautet also:

$$\text{BMI} = \frac{\text{Gewicht in Kilogramm}}{\text{Größe (m) x Größe (m)}}$$

Der nach dieser Formel errechnete Wert sollte für Frauen zwischen 20 und 25 liegen. Ein BMI über 30 signalisiert starkes Übergewicht.

Auch Untergewicht kann die Fruchtbarkeit beeinträchtigen. Sinkt das Körpergewicht einer Frau unter eine kritische Grenze von 43 Kilogramm (oder der BMI unter den Wert 18), muss man mit Zyklusstörungen bis hin zum Ausbleiben des Eisprungs und der Blutung rechnen.

Ein angemessenes Körpergewicht ist also eine wichtige Voraussetzung für die Fortpflanzung. Um sich Ihren Kinderwunsch zu erfüllen, kann es daher hilfreich sein, vorhandenes Übergewicht abzubauen. Aber Abnehmen ist oft sehr schwer. Zweifeln Sie an Diäten, die allzu viel versprechen. Anstatt viel Geld für immer wieder neue Schlankheitskuren auszugeben oder sich mit den verschiedensten Diäten zu plagen, sollten Sie Ihre Energieaufnahme und Ihren Energieverbrauch langfristig aufeinander abstimmen. Am besten nach dem Grundsatz: Wenig Fett, viel Bewegung (siehe auch Literaturempfehlungen im Anhang ab Seite 183).

Eine ausgewogene Ernährung und reichlich Bewegung sind die besten Helfer auf dem Weg zum Idealgewicht.

Störende Rauchzeichen

Es ist kein Geheimnis: Für eine Raucherin ist es schwerer, schwanger zu werden, als für eine Nichtraucherin – zahlreiche wissenschaftliche Studien belegen das inzwischen. Ähnliches gilt für Männer: Die Spermien

Ihrem Kinderwunsch und sich selbst zuliebe sollten Sie auf Nikotin und Alkohol verzichten.

von Rauchern entwickeln und bewegen sich nicht so gut wie die von Nichtrauchern. Die Chance, ein Kind zu zeugen, ist also für ein nichtrauchendes Paar deutlich höher als für ein rauchendes. Zigarettenrauch enthält neben dem Sucht erzeugenden Nikotin mehr als 100 weitere schädliche Substanzen. Diese reduzieren die Durchblutung von Eierstöcken und Hoden. Bei einer Kinderwunschtherapie brauchen Raucherinnen in der Regel mehr stimulierende Hormone als Nichtraucherinnen. Auch eine künstliche Befruchtung hat bei Nichtraucherinnen mehr Aussicht auf Erfolg. Und die Gefahr einer Fehlgeburt ist bei Raucherinnen größer. Selbst nach der Geburt beeinträchtigt das Rauchen ein Neugeborenes: Der Plötzliche Kindstod tritt in Familien, in denen stark geraucht wird, häufiger auf als in Nichtraucherfamilien. Versuchen Sie daher unbedingt, das Rauchen aufzugeben.

Alkohol, Kaffee, Tee – und was trinken Sie?

Neuere wissenschaftliche Untersuchungen ergaben, dass bereits das Koffein, das in einer Tasse starken Kaffees enthalten ist, die Empfängnisbereitschaft negativ beeinflussen kann.

Lange ging man davon aus, dass Alkohol – in Maßen genossen – keinen negativen Effekt auf die Fortpflanzung hat. Eine neuere Studie (aus dem Jahr 1998) belegt jedoch, dass auch bei geringem Alkoholkonsum die Chance auf eine Schwangerschaft sinkt. Und: In der Schwangerschaft kann Alkohol zu Fehlbildungen beim ungeborenen Kind führen. Deshalb trinken Sie am besten gar keinen Alkohol.

Auch andere Genüsse haben Folgen – Koffein beeinflusst zum Beispiel den Stoffwechsel: Die Wirkung schädlicher Substanzen, wie etwa Alkohol, kann durch gleichzeitigen Koffeingenuss verstärkt werden. Schwarzer Tee enthält übrigens etwa genauso viel Koffein wie Kaffee. Also: Egal ob Sie Kaffee oder Tee bevorzugen – nehmen Sie möglichst wenig davon zu sich. Eine Alternative zu Kaffee oder Schwarztee ist Cola: Dieses Getränk enthält nur ein Zehntel so viel Koffein.

Auch das sollten Sie wissen

Sobald Sie sich ein Kind wünschen, ist es sinnvoll, vermeidbare Risiken während einer Schwangerschaft auszuschalten. Überprüfen Sie deshalb am besten schon vorab, ob ausreichender Rötelnschutz besteht. Wenn Sie als Schwangere an Röteln erkranken, besteht die Gefahr, dass Ihr ungeborenes Kind Fehlbildungen erleidet. Wenn nicht genügend Antikörper im Blut vorhanden sind – weil Sie die Infektion selbst noch nicht durchgemacht haben und auch kein ausreichender Impfschutz besteht –, sollten Sie sich noch vor einer Schwangerschaft impfen lassen. In der Schwangerschaft kommt es außerdem häufig zu einem Mangel an Jod, Eisen und Folsäure. Das kann in sehr seltenen Fällen den Embryo schädigen. Sie können bereits vor der Schwangerschaft vorbeugen: Lassen Sie Ihre Schilddrüse überprüfen und Bluttests durchführen.

»Mythen« in der Kinderwunschtherapie

Es gibt Umstände, die wichtig für die Empfängnis sind. Aber die folgenden gehören sicher nicht dazu.

Junge oder Mädchen?

Es stimmt nicht, dass das Geschlecht des Kindes sich mit der zeitlichen Lokalisation des Verkehrs vorherbestimmen lässt. Es wird zwar oft behauptet, dass bei Verkehr nahe dem Eisprung mehr Jungen, bei Verkehr mehrere Tage vor dem Eisprung dagegen eher Mädchen gezeugt werden. Bisher haben statistische Untersuchungen keinen Unterschied ergeben, der diese These belegen könnte. Übrigens: Auch die bei einigen Zykluscomputern integrierte »Voraussage« des Geschlechts ist lediglich freie Fantasie.

Hartnäckig hält sich die unbegründete Vermutung, dass das Geschlecht eines Kindes bei der Zeugung beeinflusst werden könnte.

Sex mit Lunas Unterstützung?

Es ist auch nicht der Fall, dass die Empfangnis etwas mit dem Mond zu tun hat. Es ist zwar richtig, dass die durchschnittliche Zykluslänge 28 Tage beträgt – ebenso lange, wie der Mond braucht, um einmal die Erde zu umrunden. Dieser Rhythmus gleicht sich jedoch auch beim Anzünden unterschiedlicher Lichtquellen im Schlafzimmer nicht dem Mondzyklus an. Ansonsten müsste ein überwältigender Anteil der Frauen einer Region zum gleichen Zeitpunkt schwanger werden – und auch entbinden.

Bei Sonnenschein und Regen

Ein unbewiesener Mythos ist auch, dass bestimmte Wetterlagen die Fruchtbarkeit bestimmen. Es wurden zwar gewisse Abhängigkeiten des Zyklus von atmosphärischen Großwetterlagen beobachtet, diese Abhängigkeiten sind jedoch so gering, dass sich daraus nichts Wesentliches ableiten lässt.

Auch wenn der Mond verschiedene Prozesse in der Natur beeinflusst – die Empfängnisbereitschaft gehört nicht dazu.

Schwanger werden kurz vor der Periode?

Ein immer wieder auftretendes Märchen ohne Wirklichkeitsgehalt ist auch, dass es innerhalb eines Monatszyklus einen zweiten Eisprung – beispielsweise eine Woche nach dem ersten Eisprung – gibt. Eine Frau, die beispielsweise in einem Zyklus nur am 26. Tag Verkehr hatte und schwanger wird, hatte eben einfach einen späten Eisprung, und die Periode wäre erst um den 40. Zyklustag herum gekommen (siehe auch ab Seite 46).

Hilfe mit unkonventionellen Methoden

Vielleicht haben Sie bereits vieles versucht, aber nichts hat funktioniert – dabei wünschen Sie sich doch nichts sehnlicher als Nachwuchs! In einer solchen Situation entscheiden Sie sich unter Umständen, etwas Neues auszuprobieren: zum Beispiel Methoden der Alternativen Medizin. Neben der herkömmlichen Schulmedizin gibt es zahlreiche andere Behandlungsmethoden, die bei gesundheitlichen Problemen Abhilfe versprechen. So auch bei einem unerfüllten Kinderwunsch.

Viele dieser alternativen Gesundheitskonzepte haben eine jahrhundertealte Tradition und haben ihren Ursprung in außereuropäischen Kulturkreisen. Die Vorstellungen vom Wirken der Kräfte in der Natur und damit auch in unserem Körper sind überall auf der Welt verschieden. Nicht selten stehen die Ideen der Alternativkonzepte im Widerspruch zu den Erkenntnissen der bei uns gelehrten und anerkannten Naturwissenschaften.

Ob bei einer Behandlung mit schulmedizinischen oder alternativen Methoden: Legen Sie Wert auf gute Beratung und holen Sie im Zweifelsfall ruhig eine zweite Meinung von Fachleuten ein.

Manchmal empfinden Patientinnen und Patienten die Schulmedizin auch als zu »technisiert« und zu unpersönlich. Im Gegensatz dazu versprechen viele Konzepte der Alternativmedizin die ganzheitliche Behandlung von Körper, Geist und Seele – und die Heilung ohne Nebenwirkungen. Ein attraktives Angebot, das jedoch immer auch kritisch hinterfragt werden sollte. Zwei der bekanntesten alternativen Behandlungsmethoden sind Homöopathie und Akupunktur.

! Bitte beachten Sie

Besprechen Sie neue Heilmethoden, die Sie ausprobieren möchten, am besten mit einem Arzt Ihres Vertrauens. Ein unerfüllter Kinderwunsch kann viele Ursachen haben. Unter Umständen finden Sie Hilfe im Bereich der Alternativmedizin. Bewährte alternative Heilverfahren wie Homöopathie und Akupunktur haben oft schon einen positiven psychologischen Effekt: Durch »Ablenkung« und körperlich-seelische Entspannung kann sich ein verkrampfter Kinderwunsch lösen und vielleicht in einigen Fällen gerade dadurch seine Erfüllung finden. Misstrauen Sie jedoch teuren Angeboten, die Wunder versprechen. Verlieren Sie nicht den Blick für die Grenzen alternativer Behandlungsmethoden. In vielen Fällen kann es sinnvoll oder sogar unbedingt notwendig sein, auf die Schulmedizin zurückzugreifen.

Homöopathie

Grundlage der Homöopathie ist das Simile- oder Ähnlichkeitsprinzip: Gleiches wird mit Gleichem geheilt. Nach diesem Prinzip wirkt eine Substanz in niedriger Dosierung gegen die Krankheitserscheinungen, die die gleiche Substanz in hoher Dosierung hervorrufen kann. In der Homöopathie wird das Verdünnen von Substanzen als Potenzierung bezeichnet. Je stärker eine Substanz verdünnt wird, umso wirkungsvoller soll sie sein. Das Ähnlichkeitsprinzip wird in der Homöopathie ergänzt durch ein komplexes System von Zuschreibungen. Sowohl den Patienten als auch den eingesetzten Arzneimitteln werden Eigenschaften zugeordnet, die bei der individuellen Verordnung von Medikamenten berücksichtigt werden.

Sehr wichtig für den Erfolg einer homöopathischen Behandlung ist das Verhältnis von Arzt und Patient zueinander – und ihre jeweilige Einstellung zur angewandten Methode.

Mit den Mitteln der Schulmedizin lassen sich die Erfolge der Homöopathie nicht messen oder nachweisen. »Schädlich« ist eine homöopathische Behandlung des Kinderwunsches aber sicher nicht: Da auf eine Minimierung der Nebenwirkungen geachtet wird, kann die Einnahme einer homöopathischen Arznei im schlimmsten Falle wirkungslos sein.

Mehr über alternative Verfahren können Sie in geeigneten Büchern finden (siehe Literaturempfehlungen ab Seite 183).

In der Kinderwunschtherapie konnte sich die Akupunktur bisher noch nicht durchsetzen.

Akupunktur

Die Akupunktur stammt aus der chinesischen Medizin. Dieser Behandlungsmethode liegt eine eigene Systematik zugrunde, die davon ausgeht, dass sich 14 Meridiane durch den menschlichen Körper ziehen, regelrechte »Energiebahnen«. Auf diesen Bahnen befinden sich die etwa 700 Akupunkturpunkte. Diese Punkte werden mit Hilfe von Nadeln stimuliert. Vor allem in der Behandlung von Schmerzen oder in der Geburtshilfe erzielt man mit Akupunktur inzwischen auch bei uns gute Erfolge. Immer mehr Schulmediziner setzen sie daher heute in bestimmten Bereichen ergänzend mit ein. Bisher ist die Wirkung der Akupunktur im Bereich des unerfüllten Kinderwunsches nicht nachgewiesen, deshalb kann man zum Einsatz dieser Methode keine generelle Empfehlung aussprechen. Auf jeden Fall hat die Akupunktur gewisse suggestive und psychologische Effekte. Eventuell wird auch durch eine Art »Ablenkung« dazu beigetragen, dass sich eine gedankliche Fixierung auf das Problem »Unfruchtbarkeit« etwas entspannt. Manchmal hilft das schon, dem Wunschbaby näher zu kommen.

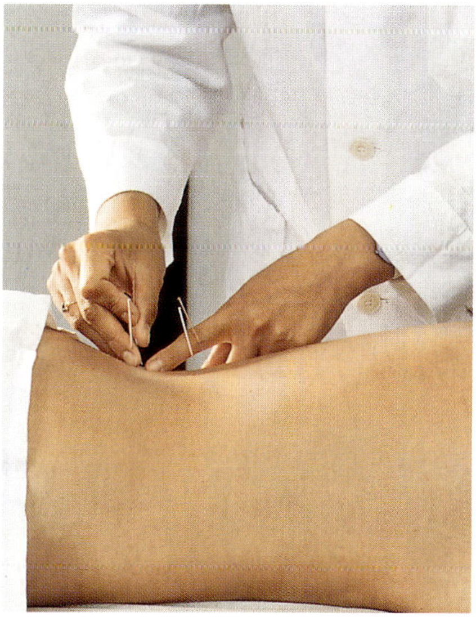

Vergebliches Warten: Warum?

Eigentlich eine schöne Situation: Ein Paar ist sich einig – beide möchten gemeinsam ein Baby haben. Nicht selten aber beginnt damit ein verzweifelter Kampf um das Wunschbaby. Denn viele Paare haben Probleme damit, ein Kind zu bekommen.

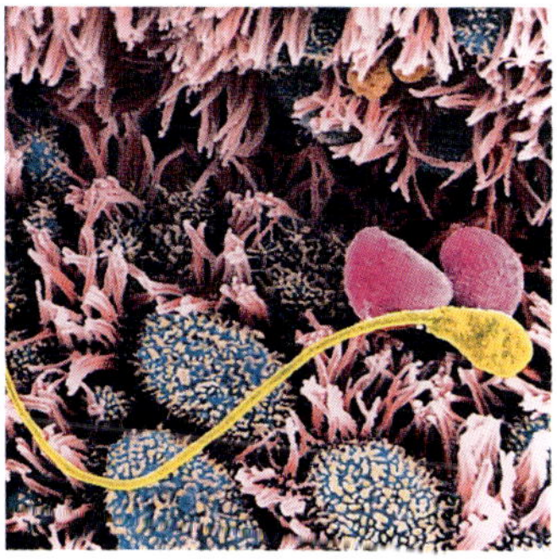

Gründe dafür gibt es viele: körperliche Erkrankungen der Frau oder des Mannes, ungünstige Lebensumstände, Stress – vielleicht auch seelische Blockaden ...

Auf den folgenden Seiten erfahren Sie, welche Ursachen bei Ihnen vorliegen könnten, wenn es mit dem Wunschbaby nicht klappt. Sie können sich außerdem mit Chancen und Alternativen vertraut machen, die es in Ihrer ganz individuellen Situation geben könnte.

Es trifft nicht nur Sie allein

Auch wenn es Ihnen manchmal so vorkommen mag: Sie stehen mit Ihrem unerfüllten Kinderwunsch nicht allein da. In der Regel scheuen sich die Betroffenen allerdings, offen über dieses Thema zu reden. Viele verschweigen sogar engen Freunden oder Familienangehörigen, dass sie ungewollt kinderlos sind.

Es gibt eine Reihe von Gründen, weshalb das Wunschkind ausbleiben kann (siehe auch ab Seite 70). Allgemein fällt der Entschluss, eine Familie zu gründen, heute viel später als noch vor etwa 30 Jahren. Paare verhüten häufig sehr lange, oft um die persönliche Freiheit ohne Verantwortung für eine Familie eine Zeit lang bewusst zu genießen oder um es im Beruf zu etwas zu bringen. Berufstätigkeit und Familie lassen sich bei uns aber nach wie vor schwer vereinbaren. So verschieben viele den Wunsch nach einem Kind immer weiter in die Zukunft. Mit zunehmendem Alter sinkt jedoch besonders für Frauen die Chance, schwanger zu werden. Viele Paare möchten außerdem den Zeitpunkt einer Schwangerschaft bewusst planen. Stellt sich das Baby dann nicht innerhalb des gewünschten Zeitraums ein, kann schnell ein unerfüllter Kinderwunsch entstehen. In Deutschland sind etwa zwei bis drei Millionen Paare dauernd oder vorübergehend ungewollt kinderlos. Das heißt, dieses Problem betrifft ungefähr jedes sechste Paar.

Vor allem eine Zeitfrage: Der Kinderwunsch entsteht bei vielen Paaren heute relativ spät.

Chancen auf eine Schwangerschaft

Etwa eine von vier Frauen, die in ihrer fruchtbaren Zeit ungeschützten Geschlechtsverkehr hat, wird sofort schwanger. Bei etwa 80 Prozent aller Paare stellt sich innerhalb eines halben Jahres ein Kind ein. Nach einem weiteren halben Jahr sind fast 90 Prozent der Frauen schwanger. Erst, wenn es bei regelmäßigem Verkehr auch nach einem Jahr noch nicht zur gewünschten Schwangerschaft gekommen ist, sprechen wir von ungewollter Kinderlosigkeit beziehungsweise von unerfülltem Kinderwunsch. Vielleicht haben Sie auch schon einmal den Begriff »primäre Ehesterilität« gehört? Mediziner meinen damit, dass eine Frau noch nie schwanger war. Nicht alle Paare, die nach einem Jahr noch kein Kind gezeugt haben, begeben sich in medizinische Therapie. Die Hälfte von ihnen kann innerhalb der nächsten drei Jahre mit der Geburt eines Kindes rechnen. Diese Prognose kann im Einzelfall deutlich besser, aber auch viel ungünstiger ausfallen, abhängig von der Ursache der ungewollten Kinderlosigkeit.

Tipp

Nehmen Sie Hilfe in Anspruch
Unabhängig davon, was der Grund für die Kinderlosigkeit ist: Nach etwa vier Jahren sinken die Chancen auf eine spontane Schwangerschaft für ungewollt kinderlose Paare rapide: Nur etwa 5 Prozent bekommen nun noch ohne medizinische Hilfe ein Kind. Mit Hilfe der Medizin jedoch kann auch jetzt noch circa 60 Prozent dieser Paare zur gewünschten Schwangerschaft verholfen werden!

Zahlen und Fakten

Etwa 800 000 kinderlose Paare suchen jährlich Rat bei Gynäkologen, Urologen oder Hausärzten. Zurzeit gibt es in Deutschland außerdem etwa 100 spezialisierte Arztpraxen, die darauf ausgerichtet sind, betroffenen Paaren mit allen Methoden der modernen Medizin zu helfen. Schätzungsweise 100 000 Paare werden dort pro Jahr behandelt. Etwa 3 Prozent aller in Deutschland geborenen Kinder – das heißt jährlich über 30 000 Babys – kommen nach einer Sterilitätstherapie zur Welt. Etwa 25 Prozent dieser Kinder sind das Ergebnis einer künstlichen Befruchtung (siehe ab Seite 130). Bei medizinischer Hilfe müssen Sie nicht gleich an künstliche Befruchtung denken. Im Gegenteil: Oft führen bereits sanfte Hilfen – zum richtigen Zeitpunkt eingesetzt – zum gewünschten Kind. Manchmal reicht es, den Zyklus mit pflanzlichen Mitteln (zum Beispiel Mönchspfefferextrakten) zu regulieren. Auch die Selbstbeobachtung der fruchtbaren Tage (siehe ab Seite 25) hat sich bewährt. In einigen Fällen kann aber doch nur eine der verschiedenen Formen künstlicher Befruchtung helfen.

Freundliche Kinderwunschtherapie

Die Ursache der Kinderlosigkeit erkennen – das ist entscheidend dafür, ob Sie mit medizinischer Hilfe ein Kind bekommen können. Das heißt, man muss herausfinden, warum es mit dem Kinderwunsch nicht klappt! Es geht dabei nicht in erster Linie darum, den »Verursacher« festzustellen. Doch je mehr Ihr behandelnder Arzt über die Ursachen der Kinderlosigkeit in Ihrem ganz speziellen Fall erfährt, desto leichter fällt es ihm, die angemessenen therapeutischen Maßnahmen zu bestimmen. Oberstes Ziel der Behandlung ist es, jedes Risiko für das noch nicht entstandene Leben und für die zu behandelnde Frau zu vermeiden. Es muss also jeweils der »sanfteste« Weg gefunden werden – der aber zugleich den größtmöglichen Erfolg verspricht. Dieses Vorgehen nennt man »freundliche Kinderwunschtherapie«.

Man darf nicht »übertherapieren« – aber auch nicht notwendige Schritte zu spät einleiten und so die Aussichten auf ein Wunschkind verschlechtern.

Mögliche Ursachen bei der Frau

Bei Paaren mit unerfülltem Kinderwunsch finden sich zu etwa 40 Prozent körperliche Störungen bei der Frau. Fast ebenso oft liegt die Ursache der Kinderlosigkeit beim Mann. In etwa 20 Prozent der Fälle sind beide beteiligt. Bei ungefähr 5 Prozent der Hilfe suchenden Paare lässt sich schließlich gar keine körperliche Ursache nachweisen.
Auf den folgenden Seiten erfahren Sie, welche biologischen oder psychischen Ursachen für die Kinderlosigkeit verantwortlich sein können. Wichtig ist dabei, dass auch Störungen, die auf den ersten Blick nur körperlich zu sein scheinen, oft wenigstens teilweise einen psychischen Hintergrund haben.

Häufig hängen Fruchtbarkeitsstörungen der Frau mit hormonellen Störungen oder anatomischen Problemen zusammen.

Mögliche Ursachen bei der Frau

Hormonelle Störungen

- Erhöhte Steuerhormonspiegel aufgrund gestörter Eierstockfunktion
- Überproduktion männlicher Hormone im Eierstock oder in der Nebennierenrinde
- Erhöhter Prolaktinspiegel im Blut
- Funktionsstörungen in Zwischenhirn oder Hirnanhangsdrüse

Anatomische Probleme der inneren Genitalien

- Scheide
- Gebärmutter
- Eileiter
- Kleines Becken (zum Beispiel Endometriose)

Wie erkennt man Störungen?

Damit eine Frau schwanger wird, ist es zum einen nötig, dass ihr Körper ein befruchtungsfähiges Ei zur Verfügung stellt. Zum anderen muss dieses befruchtungsfähige Ei mit einer Samenzelle zusammenkommen, die in der Lage ist, das Ei zu befruchten. Damit bietet sich ein ganz einfacher Weg an, die Ursachen für ungewollte Kinderlosigkeit bei einer Frau abzuklären: Man überprüft zum einen, ob überhaupt befruchtungsfähige Eizellen produziert werden. Und man überprüft Scheide, Gebärmutter und Eileiter – also den Weg, den auch die Spermien nehmen müssen, um zur Eizelle zu gelangen.

Hormonelle Störungen

Bei über 25 Prozent der Frauen, die nicht spontan schwanger werden können, liegt eine Störung der Eierstockfunktion vor. Symptome dafür sind oft Störungen des Monatszyklus. Der Zyklus kann verkürzt, verlängert oder unregelmäßig sein. Häufig treten auch Zwischenblutungen oder Vorblutungen auf. Es ist wichtig zu wissen, dass bei unterschiedlichen Ursachen durchaus gleichartige Zyklusveränderungen auftreten können. Störungen der Eierstockfunktion äußern sich häufig in Veränderungen gewisser Hormonspiegel im Blut.

Das hormonelle Gleichgewicht – eine subtile Balance.

Erhöhte Steuerhormonspiegel

Wenn die Spiegel der Steuerhormone LH und FSH erhöht sind, spricht man von einer hypergonadotropen Ovarialinsuffizienz. Dann sind im Eierstock praktisch keine funktionsfähigen Eianlagen mehr vorhanden. Aussagekräftiger für diese Diagnostik ist die Bestimmung der Hormone AMH und Inhibin-B.
Symptome: Oft ist der Zyklus unregelmäßig, oder die Periode bleibt ganz aus. Manchmal treten Hitzewallungen und Schweißausbrüche auf.
Ursachen: Die Anlage des Eierstocks ist fehlerhaft (Gonadendysgenesien), oder der Vorrat an Eizellen im Eierstock ist zu Ende gegangen, wie das beispielsweise bei über 40-jährigen Frauen der Fall sein kann.
Behandlungsmöglichkeiten: Nicht vorhandene Eizellen können im Eierstock nicht ersetzt werden.

Essstörungen verursachen oft Über- oder Untergewicht und können so die Fruchtbarkeit stark beeinträchtigen.

Überproduktion männlicher Hormone

Zu viele männliche Hormone (eine so genannte hyperandrogenämische Ovarialinsuffizienz) sind bei 30 bis 40 Prozent aller Sterilitätspatientinnen nachweisbar. Sie sollten deshalb bei der Abklärung von Funktionsstörungen der Eierstöcke möglichst mit am Anfang stehen.
Symptome: Mögliche Anzeichen sind starke Talgbildung, vermehrter Haarwuchs und fettige Haut. Oft sind betroffene Frauen übergewichtig. Auch Zyklusstörungen treten fast immer auf. Manchmal lassen sich trotz dieser Symptome keine erhöhten Androgenwerte feststellen. Man vermutet, dass hier die Androgenrezeptoren der Frau zu sensibel auf vorhandene Androgene reagieren. Bei Verdacht auf einen erhöhten Androgenspiegel sollte man unbedingt zu einem Spezialisten gehen.
Ursachen: Fehlfunktionen des Eierstocks oder der Nebennierenrinde. Es muss außerdem ausgeschlossen wer-

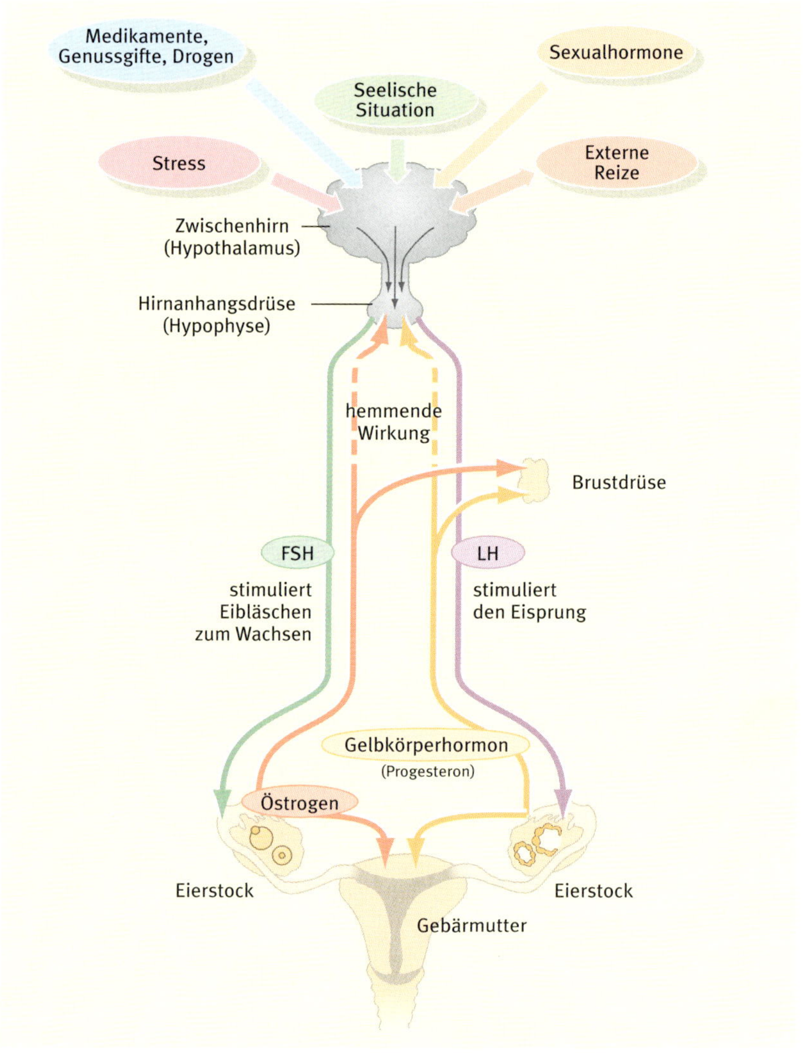

Körperliche Prozesse, die allmonatlich bei einer Frau ablaufen: Das Zwischenhirn regt die Hirnanhangsdrüse an, FSH zu produzieren. Das FSH lässt Eibläschen wachsen. Daraufhin wird Östrogen produziert, welches den Eisprung auslöst. Die zurückbleibende Eizellhülle setzt Gelbkörperhormon frei.

den, dass Androgen produzierende, sehr selten bösartige Tumoren die Auslöser sind. Diese können an Eierstöcken, Nebennieren oder anderen Stellen vorkommen. Besonders zu erwähnen sind in diesem Zusammenhang zwei Krankheitsbilder: das PCO-Syndrom und das Adrenogenitalsyndrom (AGS, siehe rechte Seite).
Zur Diagnostik werden die Spiegel verschiedener männlicher Hormone im Blut gemessen. Die Androgenwerte einer Frau sind erhöht, wenn der Testosteronspiegel (ein männliches Hormon aus dem Eierstock) über 0,8 ng/ml und der DHEAS-Wert (männliches Hormon aus der Nebennierenrinde) über 3,5 µg/ml liegt.
Behandlungsmöglichkeiten: Hormontherapie (siehe Seite 115).

PCO-Syndrom

Das polyzystische Ovarialsyndrom (PCO) – auch Stein-Leventhal-Syndrom genannt – ist die häufigste hormonelle Störung bei Frauen mit Kinderwunsch überhaupt.

Symptome: Typische Anzeichen sind Zyklusstörungen bis zum Ausbleiben des Eisprungs oder gar der Periode. Oft haben die betroffenen Frauen Über- oder Untergewicht und manchmal auch ein männliches Behaarungsmuster. Bei Kontrolle der Hormonwerte wird häufig festgestellt, dass sowohl das LH-Hormon als auch männliche Hormone im Blut erhöht sind. Im Ultraschall finden sich viele Eibläschen in beiden Eierstöcken – ohne dass eines davon letztendlich zum Eisprung kommt.

Ursachen: Oft kann die Ursache nicht sicher erkannt werden, denn das Syndrom kann viele Gründe haben: Vielleicht produzieren Eierstöcke oder Nebennierenrinden zu viele männliche Hormone. Manchmal entstehen auch Hormonstörungen durch zu viel Fettgewebe. Ein gestörter Zucker- und Insulinstoffwechsel kann ebenso in Frage kommen.

Behandlungsmöglichkeiten: Hormontherapie (siehe Seite 115). Wenn kein aktueller Kinderwunsch besteht, sollte nach Rücksprache mit dem Arzt eine Antibabypille genommen werden.

Mit Hilfe der NFP (siehe ab Seite 25) können Sie sehr sicher feststellen, ob Sie Eisprünge haben.

Zu viele männliche Hormone durch Fehlfunktion der Nebennierenrinde

Bei dieser Erkrankung, Late-onset-AGS genannt, handelt es sich um eine schwach ausgeprägte Störung bestimmter Enzymsysteme, die bei der Bildung des Cortisons in der Nebennierenrinde eine Rolle spielen.

Symptome: Ist die Störung nur gering, kommt es zur Veränderung der Behaarung und zu Zyklusstörungen ähnlich wie beim PCO-Syndrom.

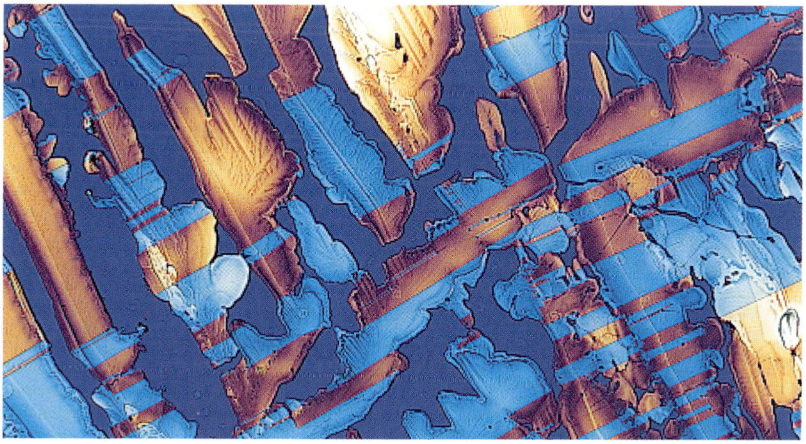

Perfekte Schönheit: das Testosteronkristall unter dem Mikroskop.

Ursachen: Bei dieser Störung sind bestimmte Enzyme in ihrer Aktivität stark vermindert oder nicht vorhanden, so dass das lebensnotwendige Cortison nicht ausreichend gebildet werden kann. Der Körper versucht selbst diese Störung zu korrigieren. Dabei werden aber vermehrt androgenwirksame Vorstufen gebildet. Diese führen dazu, dass es zu einer zunehmenden Vermännlichung des Körpers kommt. Zur Diagnostik wird zusätzlich zum Testosteron und dem DHEAS-Wert (männliches Hormon aus der Nebennierenrinde) das 17α-Hydroxyprogesteron im Blut bestimmt, das oft erhöht ist.
Behandlungsmöglichkeiten: Substitutionstherapie mit Cortison durch den Arzt (siehe ab Seite 114).

Erhöhter Prolaktinspiegel im Blut

Anhaltender Stress kann den Hormonhaushalt sehr negativ beeinflussen.

Bei dieser Störung (hyperprolaktinämische Ovarialinsuffizienz) ist der Prolaktinspiegel erhöht, wobei die Ursache oft schwer zu finden ist.
Symptome: Anzeichen sind Zyklusstörungen und möglicherweise Milchbildung in beiden Brüsten.
Ursachen: Das prolaktinhemmende Hormon im Zwischenhirn ist ausgeschaltet oder stark vermindert. Das kann zum Beispiel passieren, wenn sich in dem Bereich ein Tumor findet. Viel häufiger kommt es aber aufgrund von Stresseinwirkungen zu einer mäßigen Erhöhung des Prolaktins. Nicht selten findet man derartige Störungen auch als Medikamentenwirkung. So erhöht zum Beispiel Metoclopramid den Prolaktinspiegel. Diese Substanz ist in verschiedenen Medikamenten enthalten. Darüber hinaus treten Hyperprolaktinämien häufig auch in Zusammenhang mit einer Schilddrüsenhormonstörung auf.
Behandlungsmöglichkeiten: Die Behandlung richtet sich nach der jeweiligen Ursache.

Funktionsstörungen in Zwischenhirn oder Hirnanhangsdrüse

Auch diese Störungen treten relativ häufig auf. Der Mediziner spricht von hypophysärer oder hypothalamischer Ovarialinsuffizienz.
Symptome: Zyklusverschiebungen, unregelmäßige oder ausbleibende Periodenblutung.
Ursachen: Grund für die Störung ist meist, dass das Zwischenhirn das übergeordnete Steuerhormon nicht richtig ausschüttet. Das hat zur Folge, dass auch die Hirnanhangsdrüse nicht veranlasst wird, die Steuerhormone FSH und LH auszuschütten, die Eibläschen im Eierstock heranreifen lassen. Die eigentliche Ursache der Funktionsstörung bleibt oft ungeklärt.

Risikofaktoren sind zu niedriges Körpergewicht (unter 43 bis 46 kg) oder ein Body-Mass-Index unter 18 (siehe Seite 61). Daher haben Frauen mit Essstörungen (Anorexie oder Bulimie) oft sehr unregelmäßige Zyklen bis zum völligen Ausbleiben des Eisprungs. Aber auch durch starken Stress oder Hochleistungssport kann die Steuerung durch das Zwischenhirn massiv gestört sein. Mit der veränderten Steuerung im Zwischenhirn erklären sich Mediziner übrigens auch Zyklusverschiebungen, die zum Beispiel im Zusammenhang mit Fernreisen oder Schichtdienst bei manchen Frauen auftreten. Auch eine Schilddrüsenfunktionsstörung und zahlreiche Medikamente beeinflussen die Steuerung. Sehr selten ist eine Funktionsstörung im Zwischenhirn angeboren oder Folge einer Hirnhaut- oder Gehirnentzündung.
Behandlungsmöglichkeiten: Isolierte Erkrankungen der Hirnanhangsdrüse sind sehr selten und müssen stets vom Spezialisten abgeklärt werden, da mehrere Hormonsysteme davon betroffen sein können.

Sport im richtigen Maß ist gesund – Leistungssport und Überanstrengung dagegen können das hormonelle Gleichgewicht ungünstig beeinflussen.

Anatomische Ursachen

Neben der Frage, ob der weibliche Körper befruchtungsfähige Eier bereitstellt, ist der Weg im Körper der Frau entscheidend, der das Zusammenkommen von Eizelle und Samenzelle ermöglicht – oder eben verhindert. Um die Ursachen ungewollter Kinderlosigkeit abzuklären, verfolgt der Arzt deshalb den Weg, den auch der Samen des Mannes nach dem Verkehr geht.

Probleme im Bereich der Scheide

In seltenen Fällen ist die Frau überhaupt nicht in der Lage, Verkehr zu haben. Dies kann an einer Verkrampfung der Scheide liegen, dem so genannten Vaginismus. Ein weiterer organischer Grund für Kinderlosigkeit kann eine anatomisch ungewöhnliche Scheide sein.
Symptome: Wenn die Scheide anatomisch verändert ist, fällt das meist bei der Untersuchung beim Frauenarzt auf. Allerdings passiert es auch, dass eine Frau gar nicht weiß, dass sie zum Beispiel eine doppelte Scheide hat. Das Sperma gelangt in dem Fall beim Verkehr möglicherweise in den Bereich, der gar keine Verbindung zur Gebärmutterhöhle besitzt.
Behandlungsmöglichkeiten: Sie sollten sich unbedingt an ein Team von Spezialisten wenden, das mit so seltenen Diagnosen und der operativen Therapie vertraut ist (siehe ab Seite 120).

Probleme im Gebärmutterhalskanal

Im Bereich des Gebärmutterhalses entscheidet die Qualität des Zervixschleims, ob Spermien überleben können oder nicht (siehe ab Seite 19). Manchmal wird nur wenig oder gar kein Zervixschleim produziert.

Ursachen für ungewollte Kinderlosigkeit können verschiedene anatomische Veränderungen im Bereich des inneren Genitales sein.

Ursachen: Manche Frauen haben Operationen des Gebärmutterhalses hinter sich. Um krankhaft veränderte Zellen zu entfernen, werden dabei meist kegelförmige Gewebestücke entnommen. Es kann vorkommen, dass dabei auch Zellen, die den Zervixschleim produzieren, abgetragen werden. Auch chronische Entzündungen, etwa durch Chlamydien, können die Qualität des Zervixschleims beeinträchtigen.

Behandlungsmöglichkeiten: Die Auslöser sollten möglichst vermieden werden, eine vorhandene Störung ist nur schwer zu behandeln.

Risikofaktoren in der Gebärmutter

Weiter führt der Weg der Spermien durch die Gebärmutter. Auch hier können Probleme auftreten.

Ursachen: In der Gebärmutter können frühere Entzündungen oder auch nicht optimal ausgeführte Operationen (zum Beispiel eine Ausschabung nach vorangegangener Fehlgeburt) das Innere der Gebärmutter so verändert haben, dass es für eine befruchtete Eizelle schwer wird, sich an der richtigen Stelle einzunisten.

Behandlungsmöglichkeiten: Die Auslöser sollten möglichst vermieden werden, eine vorhandene Störung ist nur schwer zu behandeln.

Störungen im Eileiter

Der Zervixschleim spielt auch bei der körpereigenen Abwehr der Frau eine Rolle. Wichtig ist er außerdem im Hinblick auf die Fruchtbarkeit (siehe ab Seite 31).

Grundsätzlich sind Störungen im Gebärmutterhals und im Gebärmutterkörper relativ selten für einen unerfüllten Kinderwunsch verantwortlich. Viel häufiger liegt ein Wegeproblem im Bereich der Eileiter und ihrer trichterförmigen Enden vor. Bei der Frau gibt es einen »offenen« Weg zwischen Scheide und Bauchhöhle: Er führt von der Scheide durch die Gebärmutter in die Eileiter und von dort in die Bauchhöhle. Dennoch geraten Keime, die selbstverständlich in der Scheide vorhanden sind, sehr selten in die Bauchhöhle. Verhindert wird dies im Normalfall durch Abwehrmechanismen, die bereits im Gebärmutterhalskanal zu wirken beginnen, in der Gebärmutter und vor allem auch in den Eileitern aktiv sind. Dabei spielt auch der Zervixschleim als mechanische und immunologische Barriere eine große Rolle.

Ursachen: Bricht dieser Abwehrmechanismus zusammen, aus welchen Gründen auch immer, oder ist der aktuelle Ansturm körperfremder »Eindringlinge« zu gewaltig, so kann eine bakterielle Infektion aufsteigen. Diese wiederum kann entscheidende anatomische Veränderungen

nach sich ziehen, etwa Eileiterentzündungen. Diese Veränderungen können so weitreichend sein, dass am Ende eines Abwehrprozesses die Eileiter (wohl auch als Schutzmechanismus) ihre Durchgängigkeit zur offenen Bauchhöhle verlieren. Derartige Verklebungen oder Verschlüsse findet man vor allem am trichterförmigen Ende der Eileiter. Viel seltener kommt es zu entzündlichen oder bakteriellen Veränderungen in der Mitte oder im gebärmutternahen Teil des Eileiters; diese werden Salpingitis isthmica nodosa genannt. Bisher ist nicht genau bekannt, warum es zum gebärmutternahen Verschluss der Eileiter kommt: durch eine Infektion oder einen lokalen immunologischen Mechanismus.
Behandlungsmöglichkeiten: Sofortige und umfassende Behandlung von Entzündungen durch den Frauenarzt (siehe ab Seite 108).

Infektionen im Genitalbereich

Am häufigsten führen so genannte Chlamydien zu Infektionen. Sie werden durch Geschlechtsverkehr übertragen. Anfangs treten kaum Symptome auf. Im weiteren Verlauf kann es aber sogar zu Infektionen des Bauchraums kommen. Manchmal treten Infektionen mit Keimen auf, die wegen des nahen Afters vorhanden sind, etwa Kolibakterien. Heute treten nur noch selten Geschlechtskrankheiten auf. Im Zusammenhang mit ungewollter Kinderlosigkeit ist vor allem die Gonorrhoe (Tripper) zu nennen. Sie führt im Gegensatz zu den Chlamydien zu einer sehr aggressiven, extrem schmerzhaften Infektion. Besonders häufig treten Infektionen bei Frauen oder Mädchen auf, die erstmals Geschlechtsverkehr haben. Ihr Immunsystem hat noch nicht gelernt, mit diesen neu eindringenden Bakterien fertig zu werden. Doch auch später noch muss sich das Immunsystem mit jedem neuen Partner wieder »anfreunden«. Wechseln die Sexualpartner häufig, kann das Immunsystem überfordert sein. Es besteht dann ein erhöhtes Risiko für alle bakteriell verursachten Erkrankungen. Das Benutzen eines Kondoms kann dem vorbeugen. Andererseits leiden viele Frauen an Scheiden- und Harnwegsinfektionen, obwohl sie in stabiler Partnerschaft leben. Daran ist dann weder der Partner »schuld«, noch liegt es an mangelnder Intimhygiene der betroffenen Frau: Wenn immer wieder Entzündungen oder Infektionen im Genitalbereich auftreten, hängt das wahrscheinlich damit zusammen, dass bei diesen Frauen einfach die Immunabwehr gerade in diesem Bereich sehr schwach ist.
Schließlich kommt es auch zu Infektionen, wenn Bakterien über die weiblichen Genitalien bereits die Bauchhöhle erreicht haben und zu einer akuten Infektion im

Kondome bieten den sichersten Schutz vor Genitalinfektionen.

Bereich der Eileiter und der Eierstöcke geführt haben. Eileiter und Eierstöcke können dann miteinander verkleben – oder mit umliegendem Gewebe. Plattenförmige, sehr ausgedehnte oder lokal begrenzte Verwachsungen sind die Folge. Manchmal sieht der Arzt bei einer Bauchspiegelung auch auffallende Verwachsungen zwischen Leberoberfläche und Zwerchfellunterseite. Sie sind die Folge einer von Chlamydien bedingten Entzündung der Leberoberfläche.

Infektionen behindern manchmal das Schwangerwerden (siehe auch ab Seite 109).

Infektionen im Scheidenbereich
Mit Hilfe eines Mikroskops kann der Frauenarzt erkennen, ob die Scheide von außergewöhnlichen Keimen befallen ist. Das können zum Beispiel Gardnerella vaginalis (riecht fischartig), Soorpilze (schmerzhafter, manchmal auch juckender, weißlich-krümeliger Ausfluss) oder Trichomonaden (übel riechender, schmutziger Ausfluss) sein.

Endometriose

Verursacht die Endometriose keine Schmerzen, wird sie häufig erst entdeckt, wenn der Arzt – etwa bei Kinderwunsch – eine Bauchspiegelung durchführt.

Auch die Endometriose kann bei unerfülltem Kinderwunsch eine Rolle spielen. Dabei siedeln sich Zellen der Gebärmutterschleimhaut außerhalb der Gebärmutter an. Verdacht auf Endometriose besteht, wenn eine Frau über besonders intensive Schmerzen kurz vor, während oder direkt nach der Periode klagt. Endometriosen treten sehr häufig auf. Leichte Formen beeinflussen nach heutiger Erkenntnis die Fruchtbarkeit nicht wesentlich. Erst bei fortschreitender Endometriose oder bei Beeinträchtigung tieferer Gewebeschichten kann es zu Schwierigkeiten beim Schwangerwerden und zu massiven Schmerzen kommen.

Besondere Formen der Endometriose

Manchmal findet sich Endometriosegewebe auch in der Muskelschicht der Gebärmutter. Man nennt diesen Befund Adenomyosis uteri. Ein Symptom dafür können besonders starke Schmerzen während der Periode sein. In sehr seltenen Fällen können bei einer Frau während der Periode Blutungen aus dem Darm, der Lunge oder an anderen Stellen auftreten, oder es findet sich Blut im Urin. Diese Symptome können auf eine Endometriose außerhalb des Genitalbereichs hinweisen.
Heute nimmt man an, dass eine Endometriose das Schwangerwerden behindern kann. Einmal, weil nachweisbare anatomische Veränderungen, zum Beispiel Verwachsungen, dadurch hervorgerufen werden. Zum anderen, weil das Milieu der Bauchhöhlenflüssigkeit verändert wird. Das kann Befruchtung und Einnistung negativ beeinflussen.

Mögliche Ursachen beim Mann

Wenn Sie als Mann abklären lassen wollen, ob die Ursache für eine ungewollte Kinderlosigkeit bei Ihnen liegt, können Sie sich an einen Andrologen (Männerarzt) oder auch einen Urologen wenden. Idealerweise aber beginnt die Beratung eines kinderlosen Paares in einer gemeinsamen gynäkologisch-andrologischen Sprechstunde. Schließlich führt Frau und Mann ja ein gemeinsames Problem zum Arzt, das beide betrifft.

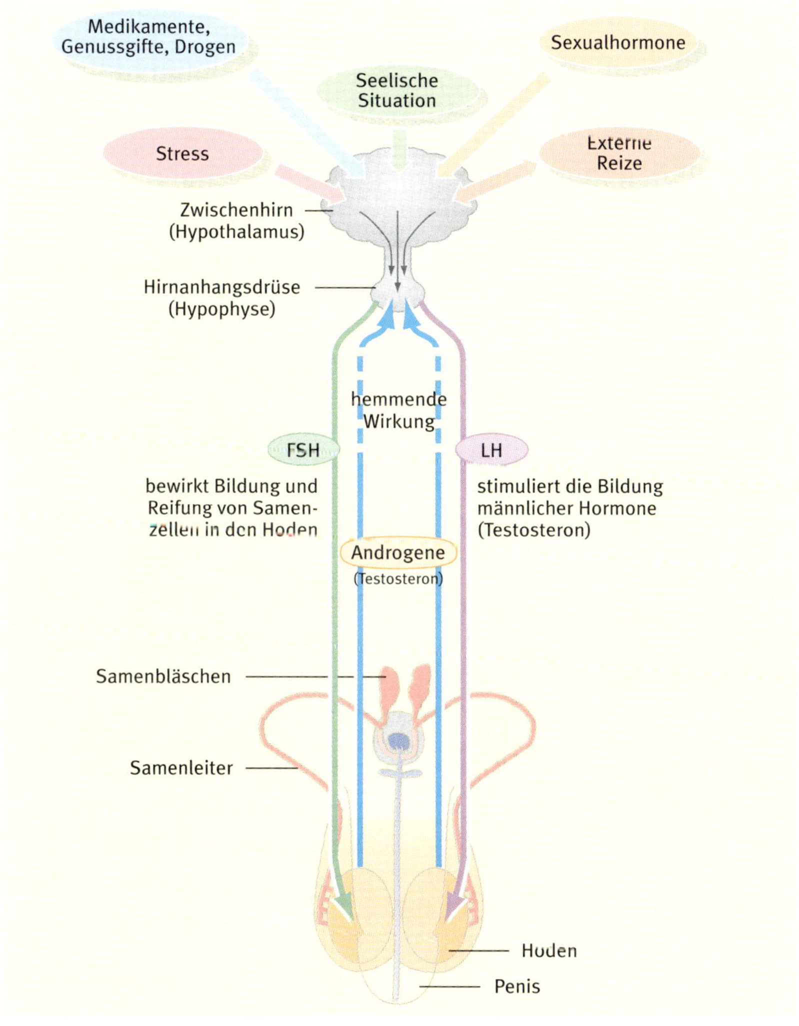

Diese hormonellen Prozesse laufen bei einem Mann ständig ab: Das Zwischenhirn gibt der Hirnanhangsdrüse den Impuls, LH und FSH zu produzieren. LH ist wichtig für die Bildung männlicher Hormone (unter anderem Testosteron). FSH hat großen Einfluss darauf, dass die Samenzellen sich bilden und reifen. Androgene und Östrogene aus den Hoden regulieren über das Zwischenhirn die Hormonproduktion in der Hirnanhangsdrüse.

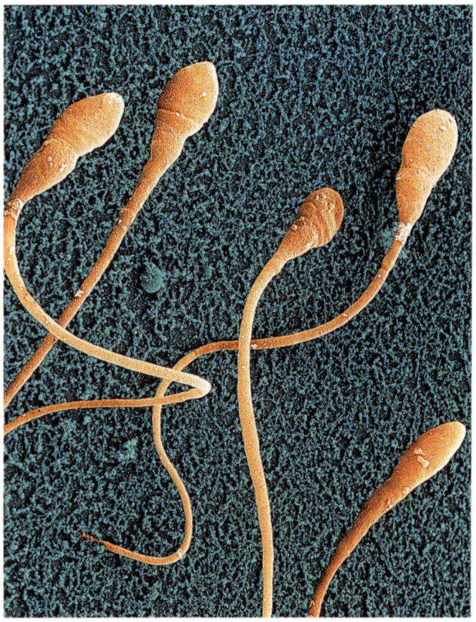

Bei der Untersuchung des Mannes spielt die Begutachtung der Spermien eine große Rolle.

In dieser Situation ist das Fachwissen von Androloge und Gynäkologe (Frauenarzt) gleichzeitig gefragt. In der gemeinsamen Sprechstunde ergeben sich für den Arzt oft wichtige Hinweise. Manchmal tauchen Aspekte auf, die im Gespräch mit nur einem der beiden Partner bisher nicht erwähnt wurden. Anderes erscheint in neuem Licht: So gibt allein die Art und Weise, wie das betroffene Paar sich miteinander unterhält, einem erfahrenen Mediziner viele Hinweise auf deren Situation. Er hört die feinen Zwischentöne heraus, die auf psychische Belastungen hindeuten, auf unbewusste Hoffnungen oder verdrängte Ängste.
Die Untersuchung des Mannes erschöpft sich nicht in einer Samenkontrolle, bei der die Zahl der Samenfäden, ihre Beweglichkeit und ihre Form bestimmt werden. Vielmehr versucht der Arzt, auch beim Mann ursächliche Zusammenhänge zu erkennen, um sich dann für geeignete Therapiemöglichkeiten entscheiden zu können. Dazu ist eine umfassende körperliche Untersuchung nötig. Diese wird ergänzt durch die Bestimmung verschiedener Hormone oder Enzyme sowohl im Blut als auch in der Samenflüssigkeit.

Umfassende Untersuchungen

Eine andrologisch-gynäkologische Sprechstunde bieten Arztpraxen an, die auf die Behandlung eines unerfüllten Kinderwunsches spezialisiert sind (siehe auch ab Seite 101).

Um die Schwierigkeiten bei der Untersuchung des Mannes zu verdeutlichen, erinnern wir uns an die biologischen Grundlagen der Fortpflanzungsfähigkeit beim Mann (siehe ab Seite 21): Damit eine Samenzelle eine Eizelle befruchten kann, müssen sich die Geschlechtszellen stetig erneuern. Das heißt, Samenzellen entwickeln sich weiter, durchlaufen verschiedene Reifeteilungen, bis zur hoch spezialisierten Zelle. Sie können sich dann bewegen, gerade so, als wären sie eigenständige »Lebewesen«. Außerdem verfügen die Zellen über Strukturen und Enzyme, die eine Eizelle aufschließen können. Viele dieser Prozesse werden durch Hormone angestoßen und aufrechterhalten. Doch auch auf molekularer und zellulärer Ebene muss eine Vielzahl nicht hormoneller Faktoren zusammenwirken, damit Samenfäden gebildet werden.
An diesem Prozess sind sehr viele Gene beteiligt: Das heißt, dass ein Schaden dieses Systems nicht einfach »repariert« werden kann. Es gibt kein Medikament dafür – und es kann keines geben. Es sollten stets mehrere Samenuntersuchungen angefertigt werden, da Einzelbefunde sehr unterschiedlich ausfallen können. Grundsätzlich muss beim Mann abgeklärt werden, ob eine Störung beim Transport der Spermien vorliegt oder ob die Samenbildung beeinträchtigt ist.

Mögliche Ursachen für ungewollte Kinderlosigkeit beim Mann
Hodenschäden
- Lageanomalien der Hoden
- Verletzungen der Hoden
- Hodenverdrehung
- Hodenentzündungen
- Entzündungen der Geschlechtsdrüsen (Prostata, Samenblasen, Nebenhoden)
- Krampfader im Hoden

Umwelt, Medikamente, physikalische Faktoren
Allgemeiner körperlicher und psychischer Zustand

Hodenschäden

Hodenschäden beeinträchtigen häufig die Samenqualität und können so Unfruchtbarkeit hervorrufen.

Bei der Untersuchung der Hoden muss der Arzt zuallererst folgende Fragen abklären:
- Ist der Transport der Samenfäden in den Hoden selbst gestört?
- Reifen die Samenzellen im Nebenhoden richtig aus?
- Ist der weitere Transport der Samenfäden in Nebenhoden und Samenleiter unterbrochen?
- Sind die Sekrete der Prostata und der Samenbläschen verändert?

Alle genannten Störungen können auch kombiniert auftreten. Jede einzelne Störung für sich wirkt sich jedoch bereits auf die Samenqualität aus! Im Folgenden gehen wir auf einzelne Faktoren ein, die die Fruchtbarkeit des Mannes beeinträchtigen. Dabei ist oft noch nicht bekannt, warum diese die Fruchtbarkeit stören.

Lageanomalien der Hoden

Zwei bis drei von hundert männlichen Neugeborenen weisen einen Hodenhochstand auf.
Symptome: Der Hodensack ist in diesen Fällen auffallend klein.
Ursachen: Die Hoden können den Weg vom Bauchraum in die Hodensäcke nicht geschafft haben und deshalb »höher hängen«. Sie können sogar in der Leiste stecken geblieben sein. Man bezeichnet das als »versteckten« Hoden. Es gibt verschiedene Schweregrade: hinter dem Leistenkanal, nicht tastbar (Kryptochysmus), fixiert im Leistenkanal (Leistenhoden), weitgehend fixiert vor dem Leistenkanal (Gleithoden).
Behandlungsmöglichkeiten: Wurde der Hodenhochstand nicht im Kindesalter behandelt (siehe Kasten nächste Seite), gibt es leider keine Möglichkeiten mehr, die Folgen dieser Störung zu beheben.

! Bitte beachten Sie

Hodenhochstand – schon frühzeitig behandeln
Ein Hodenhochstand muss spätestens bis zum zweiten Geburtstag behandelt werden, etwa mit einer Hormonbehandlung. Ist diese nicht erfolgreich, muss rasch operiert werden. Eine Operation muss sehr schonend durchgeführt werden, am besten von einem erfahrenen Kinderchirurgen oder Kinderurologen, damit Hoden oder Gefäßversorgung nicht beschädigt werden. Wird gar ein doppelter Hodenhochstand festgestellt, müssen angeborene Fehlbildungssyndrome ausgeschlossen werden.

Ein Hodenhochstand muss unbedingt rechtzeitig behandelt werden. Dasselbe gilt für frühkindliche Leistenbrüche. Wird nicht rechtzeitig operiert, kommt es zum Stillstand der Samenzellbildung, der nicht mehr rückgängig zu machen ist!

Verletzungen der Hoden

Symptome: Schmerzen, Schwellungen, im schlimmsten Fall Beeinträchtigungen bis zum Kreislaufkollaps.
Ursachen: Hodenverletzungen treten meist beim Sport auf. Bezüglich der Zeugungsfähigkeit sind jedoch nur sehr schwere oder wiederholt auftretende Verletzungen gefährlich. Diese passieren vor allem bei Sportarten wie Hallenhandball, Wasserball oder Kampfsport.
Behandlungsmöglichkeiten: Kühlen und entzündungshemmende Mittel sowie eventuell heparinhaltige Salben anwenden.

Hodenverdrehung (Hodentorsion)

Bei einer Torsion dreht sich der Hoden innerhalb des Hodensackes um seine eigene Achse und stoppt so Blutzufuhr und -abfluss.

Wasserball ist eine der Sportarten, bei denen die Verletzungsgefahr im Bereich der Hoden sehr hoch ist.

Symptome: Der Hoden schwillt plötzlich und sehr schmerzhaft an.
Ursachen: Sehr bewegliche Hoden in einem weiten Hodensack
Behandlungsmöglichkeiten: Es handelt sich um einen andrologischen Notfall! Wird der Hoden nicht innerhalb der nächsten vier Stunden zurückgedreht, geht das Hodengewebe nach und nach zugrunde. Der andere, nicht betroffene Hoden nimmt durch die langsame, schleichende, unvollständige Zerstörung des Gewebes ebenfalls Schaden.

Hodenentzündungen

Symptome: Die Entzündung wird häufig kaum, manchmal gar nicht bemerkt. Sie kann Immunreaktionen gegen das körpereigene Hodengewebe nach sich ziehen.
Ursachen: Hodenentzündungen gehen häufig – aber nicht nur – auf Mumps zurück. Nach der Pubertät entzünden sich bei etwa jedem vierten an Mumps Erkrankten die Hoden. Die Gewebezerstörung ist unterschiedlich stark ausgeprägt. Hodenentzündungen können auch durch andere Viren ausgelöst werden.
Behandlungsmöglichkeiten: Bisher keine.

Viele Entzündungen an Hoden, Samenblasen, Nebenhoden und Prostata verlaufen unbemerkt. Die Folgen können jedoch die Fruchtbarkeit beeinträchtigen. Suchen Sie daher beim geringsten Verdacht auf eine solche Entzündung den Facharzt auf.

Entzündungen der Geschlechtsdrüsen

Auch die Geschlechtsdrüsen des Mannes – Prostata, Samenblasen und Nebenhoden – können sich entzünden. Etwa 15 Prozent der Fertilitätspatienten leiden unter solchen Krankheiten – meist, ohne es zu wissen.
Symptome: Die Entzündung selbst verläuft oft unbemerkt. Aber die Folgen akuter Entzündungen und chronische Krankheitsverläufe, die daraus entstehen, können zur Unfruchtbarkeit führen.
Ursachen: Bakterieller Befall.
Behandlungsmöglichkeiten: Der Arzt verschreibt Antibiotika.

Krampfader im Hoden

Bei 16 bis 18 Prozent der Patienten findet sich eine Varikozele (Krampfader) im Hoden. Eine solche Erweiterung der venösen Hodengefäße tritt vorwiegend linksseitig auf. Sie kann unterschiedlich stark ausgeprägt sein. Die Folge: Das venöse Blut strömt auf der linken Seite nicht mehr zurück, sondern fließt umgekehrt. Die gestörte Blutversorgung im Hoden schädigt das Hodengewebe.
Symptome: Der Mann bemerkt vielleicht ein Anschwellen des Hodens und leichtes Schweregefühl, hat aber keine Schmerzen.
Ursachen: Solche Erkrankungen treten je nach Veranlagung auf.
Behandlungsmöglichkeiten: Wenn Beschwerden auftreten, kann die Krampfader verödet werden.

Verschiedene Umweltfaktoren

Von einigen Umweltfaktoren weiß man sicher, dass sie einen schädigenden Einfluss auf die Bildung der Spermien besitzen. Bei vielen anderen ist es zumindest wahrscheinlich (siehe auch ab Seite 59).

- Bekannt ist die giftige Wirkung von Blei und Quecksilber. Dasselbe gilt für bestimmte Pestizide und Insektizide. Umstritten sind organische Lösungsmittel (z.B. Glykoläther) und organische Kohlenwasserstoffe (z.B. Toluol). Männer, die an ihrem Arbeitsplatz mit diesen Stoffen Kontakt haben, können Fruchtbarkeitsschäden erleiden. In der Diskussion sind derzeit Fremdstoffe mit Hormonwirkung, also östrogenähnlichen, antiöstrogenen oder antiandrogenen Eigenschaften (Pestizide, Biphenyle oder andere). Hierzu gehören auch Phyto- und Mykoöstrogene.

Auch das aktive oder passive Rauchen kann die Fruchtbarkeit beeinträchtigen.

- Lange Zeit wurde die schädigende Wirkung des Rauchens kontrovers diskutiert. Heute weiß man, dass bei starken Rauchern nicht nur die Menge und Beweglichkeit der Spermien abnimmt, sondern auch Störungen des Erbguts auftreten können.
- Auch Medikamente können die Fruchtbarkeit beeinträchtigen, zum Beispiel Krebsmittel, Medikamente gegen Epilepsie, Antibiotika und entwässernde Medikamente.
- Elektromagnetische Strahlen kommen als Schädigungsursache nur in Betracht, wenn ihre Stärke die gesetzlichen Grenzwerte überschreitet.
- Auch Wärme kann schaden: Die Hodentemperatur liegt 2 °C unter der Körpertemperatur. Die Abkühlung geschieht vor allem über den Hodensack. Er hält diese Temperatur konstant. Um Schäden durch Wärme vorzubeugen, sollten Sie stauende Unterwäsche und enge Hosen vermeiden. Eventuell könnten sich auch häufige Saunagänge sowie der Aufenthalt in extrem heißer Umgebung ungünstig auswirken.

Der allgemeine Gesundheitszustand

Der Arzt wird sich auch nach Ihrem allgemeinen Befinden erkundigen: Haben Sie Stress? Ist das der Fall, so kann das vielleicht unterschiedlich ausfallende Samenbefunde erklären. Auch chronische Erkrankungen spielen in dieser Hinsicht eine wichtige Rolle. So können die Zuckerkrankheit (Diabetes), rheumatische oder allergische Krankheiten die Fertilität beeinflussen. Angesichts dieser vielfältigen Störungsursachen muss der Arzt beim Gespräch sehr ausführlich nachfragen und bei klinischen Untersuchungen äußerst sorgfältig vorgehen.

Die Ursache kann bei beiden liegen

Wenn zwei Partner zusammen kein Kind bekommen können, kann das auch psychische Ursachen haben (siehe ab Seite 89). Es gibt außerdem schwer greifbare, trotzdem organische Gründe: Dass zwei, die sich lieben, miteinander kein Kind zeugen können, weil sie sich immunologisch nicht vertragen, wird manchmal zur Begründung der Kinderlosigkeit herangezogen. Dazu muss man sagen, dass diese Form der Unfruchtbarkeit – die immunologische Sterilität – etwas sehr Seltenes ist. Insgesamt sind weniger als 2 Prozent aller Paare mit unerfülltem Kinderwunsch davon betroffen. Häufig werden Bluttests auf alle nur erdenklichen Antikörper gemacht, um die Ursachen einer nicht erklärbaren Unfruchtbarkeit zu finden. Es sind aber grundsätzlich nur die Tests sinnvoll, die lokale Abwehrreaktionen oder Immunitäten untersuchen.

Nicht immer können die Ursachen der Kinderlosigkeit gefunden werden.

Schon bei der Partnerwahl geht es um Fruchtbarkeit
Dass sich Partner nicht – oder aber ganz besonders gut – riechen oder schmecken können, hat nichts mit Immunologie zu tun. Es ist ein Phänomen, das weltweit bekannt ist und unter anderem mit bestimmten hormonellen Botenstoffen, den Pheromonen, zu tun hat. Auch solche Aspekte können das Schwangerwerden beeinflussen.

Grundsätzlich sollten komplizierte Tests für dieses seltene Phänomen vermieden werden. Stattdessen kann man einfache Tests durchführen. Dabei werden bestimmte Phänomene im Zervixschleim der Frau nachgewiesen: Es wird überprüft, was mit den Samenfäden geschieht, sobald sie in den Zervixschleim eindringen. Beim Mann können solche Phänomene an den Samenzellen im Seminalplasma getestet werden. Geeignet sind vor allem die folgenden Tests.

Postkoitaltest (PCT)

Der altbewährte Sims-Huhner-Test oder Postkoitaltest ist gut geeignet, um eine immunologische Sterilität weitgehend auszuschließen.
Durchführung: Das Paar hat zur Zeit des Eisprungs Verkehr. Innerhalb der nächsten 18 Stunden wird Zervixschleim aus dem Bereich des inneren Muttermundes entnommen und auf Spermien untersucht.

Ziel: Überprüft werden bei dem Test die Konzentration der Spermien, ihre Beweglichkeit und ihre Form. Außerdem wird getestet, ob bestimmte Phänomene wie das Schüttelphänomen (»shaking phenomenon«) auftreten. Bei diesem Phänomen bewegen sich die Samenfäden mit heftig schüttelnden Bewegungen auf der Stelle, ohne jedoch voranzukommen.
Das ist zu beachten: Das Paar sollte vor dem zum Test nötigen Verkehr drei bis vier Tage lang nicht miteinander schlafen. Außerdem muss der Test unbedingt um den Eisprung herum gemacht werden, zu einer Zeit, in der die Qualität des Zervixschleims besonders gut ist (siehe ab Seite 31). Die häufigste Fehlbeurteilung entsteht, weil der Test bei schlechten Zervixschleimverhältnissen durchgeführt wird, also zu einem falschen Zeitpunkt. Daraus resultiert, dass dann irrtümlich eine so genannte immunologische Sterilität diagnostiziert wird.

In-vitro-Penetrationstest

In seltenen Fällen zeigt der vorangegangene Test krankhafte Veränderungen. Dann sollte man zur Abklärung weitere Tests durchführen. Anschließen würde sich der so genannte In-vitro-Penetrationstest.
Durchführung: Ein Tropfen Zervixschleim wird auf einen Objektträger gegeben und mit einem Deckgläschen zugedeckt. Dann wird neben den Zervixschleim ein Tropfen Samenflüssigkeit gegeben.
Ziel: Unter dem Mikroskop kann man beobachten, ob die Samenfäden in den Zervixschleim eindringen können oder nicht. Ob und wie sie eindringen und welche Reaktionen danach ablaufen, das alles sagt viel über die Existenz einer immunologischen Sterilität aus.

Das so genannte Schüttelphänomen tritt normalerweise nur bei einem sehr geringen Prozentsatz der Samenfäden auf. Sind auffallend viele Spermien davon betroffen, weist das auf ein immunologisches Problem hin.

Sperm-Cervical-Mucus-Contact-Test (SCMC)

Ergeben sich Anhaltspunkte, kann der so genannte SCMC (Sperm-Cervical-Mucus-Contact-Test) weiterhelfen. Er beruht auf der Beobachtung, dass bei einigen Spermien das so genannte Schüttelphänomen (siehe auch oben) an den Samenfäden auftritt, wenn man sie vorher »wäscht« und dann mit Zervixschleim zusammenbringt.
Durchführung: Gewaschener Samen wird mit Zervixschleim gemischt.
Ziel: Wenn das Schüttelphänomen auffallend häufig beobachtet wird, ist das ein Hinweis auf eine immunologische Sterilität.

Wie geht es weiter?

Sind die genannten Tests positiv, ist es sinnvoll, sie zur Kontrolle noch einmal mit Spendersamen oder Spenderzervixschleim durchzuführen. Erst wenn diese Tests auch für Antikörper sprechen, ist der behandelnde Arzt berechtigt, die sehr teuren Antikörpertests durchzuführen.

Alles in Ordnung – aber es klappt nicht?

Sie werden nicht schwanger, aber bisher konnte Ihnen niemand sagen, warum nicht? Das ist gar nicht so selten: In jedem fünften bis zehnten Fall finden Ärzte keinen konkreten Grund, weshalb der Kinderwunsch bisher unerfüllt geblieben ist. Sie stoßen auf keine nachweisbare Ursache: Die Samenflüssigkeit des Mannes enthält genügend Spermien, und die Frau hat Eisprünge. Es lässt sich auch weder ein Verschluss der Eileiter noch eine andere Ursache nachweisen.

Die Natur wirkt ausgleichend

Die Natur gleicht manches aus: Sie hat es schon so »eingerichtet«, dass ein Kind durchaus auch entstehen kann, wenn nicht alle Bedingungen ideal sind. Wenn etwas nicht so optimal funktioniert, macht sie das an anderer Stelle wieder wett. Besitzt ein Mann zum Beispiel nur eingeschränkt zeugungsfähiges Sperma, kann er trotzdem Vater werden. Und zwar vor allem dann, wenn seine Frau sehr regelmäßige Zyklen hat und ihren Eisprung sehr genau spürt.

Wenn beide Partner kleinere Einschränkungen der Fruchtbarkeit »mitbringen«, kann eine Schwangerschaft etwas länger auf sich warten lassen.

Und auch für den umgekehrten Fall hat die Natur vorgesorgt: Eine Frau mit sehr unregelmäßigen Zyklen und unklaren Eisprungterminen kann durchaus ein Kind empfangen. Am besten klappt das dann natürlich, wenn der Partner Spermien mit einer langen Lebensdauer hat. In Einzelfällen überleben die Samenzellen immerhin bis zu sieben Tagen! Kurzum: Bringt einer der Partner nicht die Idealvoraussetzungen mit, klappt es vielleicht mit dem Nachwuchs nicht sofort. Aber über einen längeren Zeitraum gesehen, hat ein Paar mit einem kleinen »Handicap« dieselbe Chance schwanger zu werden wie jedes andere Paar.

Es ist aber natürlich auch möglich, dass zwei Partner zusammentreffen, die beide kleine Defizite mitbringen. In diesen Fällen kann die Natur allein nicht ausgleichend wirken.

Ursache unbekannt ...

In der medizinischen Fachsprache werden alle nicht bekannten Ursachen ungewollter Kinderlosigkeit als »idiopathisch« bezeichnet. Ehepaare mit idiopathischer Sterilität haben interessanterweise eine bessere Behandlungsaussicht als Paare, bei denen die Ursache zweifelsfrei feststeht.

Bei einer so genannten idiopathischen Sterilität zeigen die Tests keine Veränderungen. Trotzdem bleibt der Kinderwunsch unerfüllt.

Zudem liegt bei einer idiopathischen Sterilität die Spontanschwangerschaftsrate deutlich höher als bei anderen Kinderwunschpaaren. Das heißt, häufig meldet sich auch nach längerer Kinderlosigkeit unverhofft doch noch ein Baby an.

Diagnostik bei der künstlichen Befruchtung

Manchmal finden sich entscheidende Hinweise auf eine mögliche Ursache der Kinderlosigkeit erst bei einer künstlichen Befruchtung.
Durchführung: Wie sich Ei- und Samenzelle verhalten, wenn sie aufeinander treffen, sieht der Arzt, wenn er beide im Reagenzglas zusammenbringt. Unter Umständen fällt dabei dann auf, dass es nicht zur Befruchtung kommt. Es passiert einfach gar nichts – wobei oft nicht erkennbar ist, ob die Ursache bei der Eizelle oder bei der Samenzelle liegt. In einem späteren Versuch kann der Arzt auch ein einzelnes Spermium in die Eizelle injizieren und so eine Befruchtung »erzwingen« (siehe ab Seite 137).

Psychische Ursachen

Können keine körperlichen Ursachen festgestellt werden, liegt der Verdacht nahe, dass die Psyche beim Kinderwunsch »nicht richtig mitspielt«. Das ist jedoch durchaus nicht immer so: Vielleicht gibt es biologische Gründe, nur kennen Mediziner sie heute noch gar nicht, oder man kann sie einfach noch nicht nachweisen. Ärzte und Paare mit Kinderwunsch sollten ungeklärte Ursachen deshalb vor allem als Herausforderung betrachten: weiter zu prüfen, was nicht ideal abläuft, um gezielt behandeln zu können.

Tipp

Was können Sie selbst bei unerfülltem Kinderwunsch mit ungeklärter Ursache tun?
Es gibt keine eindeutige Erklärung für Ihren bisher unerfüllt gebliebenen Kinderwunsch. Sie haben aber eine zunächst doch günstige Prognose, und die relativ hohe Spontanschwangerschaftsrate spricht dafür, dass sich über kurz oder lang bei Ihnen ein Kind einstellt.
Sollen Sie sich in Therapie begeben oder nicht? Man empfiehlt von unerklärter Kinderlosigkeit betroffenen Paaren, sich spätestens nach etwa drei Jahren »unerfülltem Kinderwunsch« medizinisch behandeln zu lassen. Hat sich bis dahin nämlich noch kein Nachwuchs eingestellt, verschlechtern sich jetzt ohne medizinische Hilfe die Chancen auf ein Kind erheblich.

Je später im Leben der Kinderwunsch auftritt, desto eher sollte man sich behandeln lassen.

Wenn die Seele nicht mitmacht

Wenn Mediziner keine körperliche Ursache für die Kinderlosigkeit finden, kann es dennoch solche körperlichen Ursachen geben. Möglicherweise gibt es aber auch seelische Gründe für die Unfruchtbarkeit. Verständlicherweise sind die betroffenen Paare meist froh, wenn eine greifbare Ursache gefunden wird. Dann können geeignete Therapien eingeleitet werden, oder man findet sich endgültig mit der Kinderlosigkeit ab. Auch das kann letztendlich eine Erleichterung bedeuten, denn so können beide Partner in ihrem Denken und in ihrem Handeln frei für andere Lebensentwürfe werden (siehe ab Seite 151).

Körper und Seele – ein sensibles Paar

Körper und Seele bilden eine Einheit und stehen im ständigen Wechselspiel miteinander. Daher schließt auch eine eindeutig diagnostizierte körperliche Ursache bei Frau oder Mann niemals aus, dass auch die Seele an der ungewollten Kinderlosigkeit beteiligt ist. So hat die Psyche Einfluss auf das Immunsystem, das Nervensystem und das Hormonsystem. Damit wirkt die Psyche bei der Frau auf den Eisprung, die Bewegung der Eileiter und das Einnisten der Eizelle in die Gebärmutter ein. Beim Mann können psychische Faktoren die Spermaqualität und -quantität verändern. Generell jedoch zeigen Studien, dass bei Paaren mit unerfülltem Kinderwunsch nicht mehr psychische Auffälligkeiten bestehen als bei anderen Menschen.

Zu viel Hektik kann schaden

Stress, der zu innerer Anspannung führt, kann schnell die sensiblen Funktionen des Körpers stören (siehe ab Seite 59). Dabei muss man jedoch berücksichtigen, dass jeder Mensch Anspannung und Hektik unterschiedlich verarbeitet: Was für den einen schon negativer Stress ist, das empfindet ein anderer vielleicht sogar als anregend.

Probleme am Arbeitsplatz, in der Partnerschaft, auch unverarbeitete, oft Jahre zurückliegende Erlebnisse oder der unerfüllte Kinderwunsch an sich können zu einer negativen inneren Anspannung führen. Der Körper unterscheidet dabei nicht, wodurch diese Anspannung entsteht. Er registriert lediglich: Eine Schwangerschaft scheint zurzeit nicht

Die Psyche kann durch äußere Belastungen, aber auch durch innere Blockaden beeinträchtigt werden (siehe auch ab Seite 146).

Wenn die Seele scheinbar »stört«, kann es sein, dass sie den Körper in gewisser Weise vor einer Schwangerschaft »schützt«.

günstig zu sein! Er schützt sich dann durch eine Fruchtbarkeitsstörung regelrecht davor, schwanger zu werden. Man sollte also nicht unbedingt davon sprechen, dass in solchen Fällen die Seele »schuld« daran ist, dass es nicht klappt. Vielmehr kann es sein, dass sie dem Körper einen hilfreichen Dienst erweist, dessen Sinn aber erst einmal im Verborgenen bleibt.

Immer, wenn eine Schwangerschaft auf das Gleichgewicht von Körper und Seele zu bedrohlich wirkt, kann – vor allem bei sensiblen Menschen – diese »psychosomatische Sicherung« in Kraft treten. Diese könnte auch durch unbewusste Ängste ausgelöst werden. So ist eine Partnerschaft vielleicht ohne Kind noch im Gleichgewicht. Sie kann sogar so gut funktionieren, dass sich beide bewusst für ein Kind entscheiden. Vielleicht jedoch ahnt oder befürchtet einer der Partner ganz tief im Inneren, dass die Paarbeziehung durch ein Kind überlastet wird und zerbrechen könnte. Wenn davor große Angst besteht, kann dies zu einer seelischen Blockade führen. Schwanger zu werden ist dann schwierig. Interessant ist auch, dass Sportlerinnen, die ihren Körper sehr beanspruchen, keine Periode und damit auch keinen Eisprung mehr bekommen. Hier setzt der Körper Prioritäten. Er verzichtet vorübergehend auf die Fähigkeit, schwanger werden zu können, zugunsten des »Überlebens«.

Die Beziehung zur eigenen Mutter kann für eine Frau bei der Entscheidung für ein eigenes Kind eine wichtige Rolle spielen.

Ja und Nein zum Kind

Äußerlich scheint oft alles klar: Frau und Mann erzählen Freunden und Familie, dass sie Eltern werden wollen. Dies schließt aber nicht aus, dass bei einem oder beiden Partnern unbewusste Ängste oder Vorbehalte bestehen. Die inneren Zweifel sind der Frau oder dem Mann zunächst oft gar nicht bewusst. Psychotherapie kann dabei helfen, sich auch über diese verborgenen Gefühle klar zu werden.

Es gibt viele Gründe, weshalb innerlich Bedenken gegen ein Kind bestehen können: Vielleicht kann die Frau sich mit der Rolle als Mutter noch nicht anfreunden, weil sie mit ihrer eigenen Mutter schlechte Erfahrungen gemacht hat. Auch eine nicht verarbeitete Tot- oder Fehlgeburt und die Angst, dass so etwas wieder passiert, können eine Schwangerschaft blockieren. Andere Frauen fürchten sich möglicherweise vor der Geburt oder vor den körperlichen Veränderungen, die eine Schwangerschaft mit sich bringt.

Ein Kinderwunsch kann auch von außen kommen und die Folge sozialen Drucks sein. Eltern, Schwiegereltern

oder andere Verwandte möchten Nachwuchs sehen. Vielleicht bekommen auch im Freundeskreis immer mehr Paare ein Kind, so dass man gewissermaßen ein bisschen in »Zugzwang« gerät. Das Paar will dann solchen Erwartungen gerecht werden, obwohl es eigentlich noch nicht bereit ist, ein Kind großzuziehen.
Auch eine starke Unzufriedenheit kann einen Kinderwunsch hervorrufen, gleichzeitig aber die Ursache dafür sein, dass keine Schwangerschaft eintritt. So kann die – oft trügerische – Hoffnung bestehen, dass das Kind die eigene fehlende Lebendigkeit ersetzt. Andere glauben vielleicht, im Leben etwas verpasst zu haben, und erwarten, dass ein Kind dieses Defizit ausgleicht. Wieder andere Paare fürchten vielleicht, Abstriche in ihrer beruflichen Karriere hinnehmen zu müssen, oder sie scheuen die Verantwortung, die ein Kind mit sich bringt. Kurzum: Die eigene persönliche Geschichte ist immer in dem Wunsch nach einem Kind eingebunden.
Bestehen innere Zweifel, kann das zu den erwähnten Blockaden von Körper und Seele führen. Manche Paare vermeiden es auch unbewusst, in der »gefährlichen Zeit« miteinander zu schlafen. So zeigte eine Studie, dass immer wieder gerade Paare mit unerfülltem Kinderwunsch in der fruchtbaren Zeit keinen Verkehr haben.

Den Zweifel zulassen

Scheuen Sie sich nicht, einmal in sich hineinzuhorchen und inneren Zweifeln Raum zu geben. Denn wenn Sie gleichzeitig laut »Ja!« und trotzdem auch leise zweifelnd »Nein!« zu einem Kind sagen, ist das sicher nicht die Ursache dafür, dass es nicht klappt. Im Gegenteil: Es zeigt, dass Sie sich das Leben mit einem Kind realistisch vorstellen und nicht einfach davon ausgehen, dass alles ein ganz ungetrübtes Familienidyll wird. Es ist sogar genau umgekehrt: Werden die Bedenken und Zweifel, die einen Kinderwunsch fast immer begleiten, hartnäckig verleugnet, kann eben genau das den beschriebenen Schutzmechanismus des Körpers auslösen. Die Angst wird unverarbeitet ins Unbewusste verdrängt, sucht sich auf Umwegen wieder einen Weg an die Oberfläche und manifestiert sich beispielsweise in Fruchtbarkeitsstörungen.

Dass der Wunsch nach einem Kind nicht nur positive Gefühle, sondern auch Ängste und Ablehnung auslöst, ist ganz normal. Schließlich verändert die Geburt eines Kindes Ihr ganzes Leben.

Machen Sie sich klar, dass bei jedem Menschen mehr oder weniger große, auch berechtigte Ängste davor bestehen, Verantwortung für ein Kind zu übernehmen. Ein Kind schränkt die eigene Unabhängigkeit ein, beeinflusst die berufliche Laufbahn – und es kostet natürlich auch Geld. Es kann die Liebesbeziehung verändern – auf jeden Fall werden Sie viel weniger Zeit füreinander haben, wenn das Kind auf der Welt ist. Sich solche und ähnliche Ängste einzugestehen kann bereits innere Blockaden lösen. Oft hilft es auch, mit dem Partner offen über die eigenen Befürchtungen zu sprechen.

Ein Kind planen

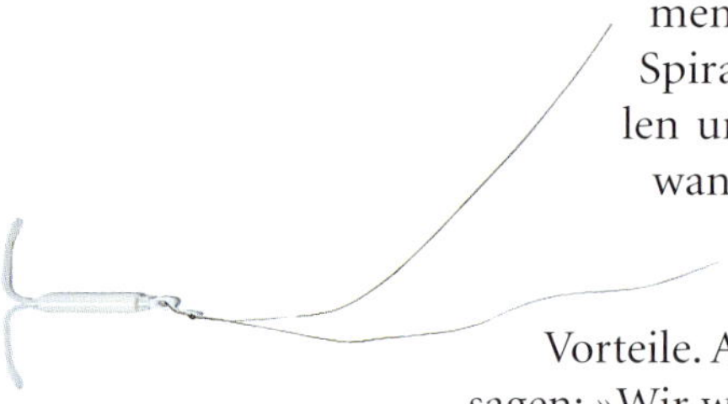

Bis in die 60er Jahre hinein war eine Schwangerschaft in der Regel nicht die Folge einer bewussten Entscheidung. Vielmehr war es fast ein soziales Muss, als Paar irgendwann Kinder zu bekommen. Mit dem zunehmenden Gebrauch von sicheren Verhütungsmitteln wie Pille, Spirale, NFP oder Kondomen änderte sich vieles. Heute wollen und können die meisten Paare aktiv entscheiden, ob und wann eine Schwangerschaft eintreten soll. Die »Chance«, dass ein Kind ungeplant entsteht, aber dann trotzdem willkommen ist, ist gesunken. Dies hat unbestritten große Vorteile. Aber die Hochspannung, die es mit sich bringt, bewusst zu sagen: »Wir wollen ein Kind!«, muss ein Paar erst einmal aushalten.

Schwierig: die richtige Balance finden

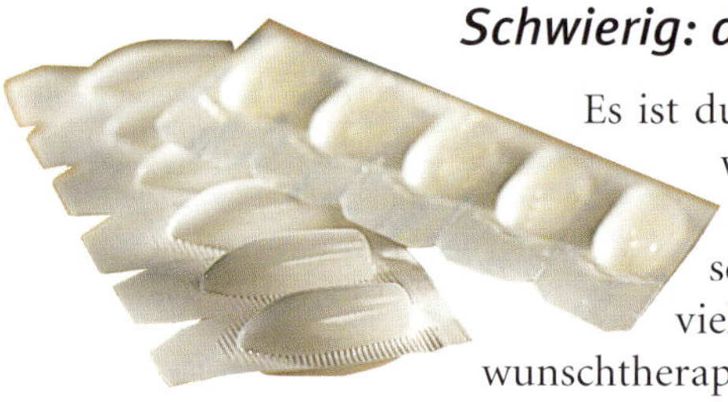

Sichere Verhütung und irgendwann die bewusste Entscheidung, ein Kind zu zeugen – das ist heute der Weg, den viele gehen möchten.

Es ist durchaus möglich, dass die Entscheidung, schwanger zu werden, positive Spannung in die Paarbeziehung bringt und die Erotik anheizt. Andere Paare können mit dieser neuen Spannung nicht so gut umgehen. Sie schlafen vielleicht weniger miteinander. Der Beginn einer Kinderwunschtherapie reduziert dann manchmal die Spannung. Denn jetzt ist das Paar nicht mehr allein für die Erfüllung seines Kinderwunsches »zuständig«, sondern teilt sich diese Aufgabe mit dem behandelnden Arzt. Das ist dann oft ganz praktisch und effektiv – wenn auch nicht mehr so romantisch.

Warum ausgerechnet wir?

Wenn ein Paar erfährt, dass die Wahrscheinlichkeit sehr gering ist, ein Kind auf natürlichem Wege zu zeugen, reagieren beide Partner oft tief gekränkt. Häufig wallen dann nach dem ersten Schock Gefühle wie Wut, Neid (auf andere, bei denen es sofort klappt) oder Ohnmacht auf. Frauen, die früher schon einmal abgetrieben oder öfter den Sexualpartner gewechselt haben, entwickeln häufig Schuldgefühle. Auch Frauen, die zuerst beruflich Fuß fassen wollten und aus diesem Grund erst spät eine Familie planen, machen sich oft schwere Selbstvorwürfe, wenn eine Schwangerschaft ausbleibt.

All diese Gefühle können dazu führen, dass sich betroffene Paare zunehmend isolieren. Viele meiden vor allem die Freunde und Verwandten, die bereits Kinder haben. Nur wenige reden über ihren unerfüllten Kinderwunsch oder gar über eine medizinische Behandlung. Manche sind ängstlich bemüht, das »Geheimnis« zu wahren. So müssen zum Beispiel immer neue Ausreden gefunden werden, um dem Chef zu erklären, warum man so häufig Termine hat. Viele fürchten, selbst in Familie und Freundeskreis kein Verständnis für ihr Problem zu finden. Ratschläge wie: »Seid doch mal ein bisschen lockerer, dann klappt es schon!« tun weh und bringen überhaupt nichts. Oft geistert außerdem noch die irrige Vorstellung herum, dass die Sterilität beim Mann mit Impotenz gleichzusetzen ist. So schweigen viele betroffene Paare auch aus Schamgefühl.

Leben mit Kind – oder ohne?

Dabei entscheiden sich heutzutage auch immer mehr Menschen bewusst gegen eigene Kinder: immerhin etwa 15 Prozent aller Paare. Damit sind kinderlose Ehepaare nicht mehr zwangsläufig soziale Außenseiter. Und doch besteht für viele dieses Gefühl des Mangels und Nichtgenügens. Frauen scheinen für Außenstehende oft stärker unter der ungewollten Kinderlosigkeit zu leiden als Männer. Das stimmt aber nur bedingt. Männer tun sich manchmal einfach schwerer, zum Arzt zu gehen und die Ursache für die Sterilität abzuklären, oft aus Angst, »der Schuldige« zu sein. Andererseits ergreifen sie aber auch eher die Chance, ihr angeschlagenes Selbstwertgefühl durch beruflichen Erfolg zu stabilisieren. Es zeigte sich nämlich in einer großen Untersuchung, dass Frauen ohne Schulabschluss, Frauen, die ihren Beruf nicht als wichtig einschätzen, und solche mit wenigen sozialen Kontakten unter der Kinderlosigkeit stärker leiden.

Achten Sie darauf, dass sich Ihr Leben nicht ausschließlich um den unerfüllten Kinderwunsch dreht.

Einigen Paaren fällt es schwer, Sex nicht mehr nur nach Lust und Laune zu haben, sondern auch und gerade dann, wenn der Zeitpunkt für eine Zeugung günstig ist. Wenn die Erotik dabei für begrenzte Zeit auf der Strecke bleibt, hilft manchmal eine Portion Humor und das Wissen, dass ein Ende der Behandlung abzusehen ist.

Spiel, Freude, Harmonie – diese Aspekte bringt ein Kind ins Leben. Doch auch befriedigende Erlebnisse allein oder als Paar machen das Leben lebenswert.

Endlich schwanger – und doch enttäuscht

Sie haben sich sehr gefreut, endlich schwanger zu sein. Und doch bekommen Sie kein Kind. Die möglichen Gründe: Sie erleiden eine Fehlgeburt oder haben eine Eileiterschwangerschaft. Endet eine Schwangerschaft, bevor das Kind lebensfähig ist, sprechen Gynäkologen von einer Fehlgeburt oder einem Abort. Erst ab der 24. Schwangerschaftswoche besteht eine Chance, dass Ihr Baby mit Hilfe moderner Gerätemedizin überlebt. Kommt Ihr Kind nach diesem Zeitpunkt zur Welt, handelt es sich um eine Frühgeburt.

Das Drama Fehlgeburt

Je nachdem, wie weit die Schwangerschaft fortgeschritten war und wie sehr die Frau das Leben mit Kind bereits geplant hat, kann eine Fehlgeburt sehr tiefe Trauer auslösen.

Eine Fehlgeburt ist ein tragisches Ereignis. Die Freude auf ein Baby wird abgelöst vom Schmerz um seinen Verlust. Die meisten Betroffenen sprechen nur ungern darüber. Leider aber sind Fehlgeburten relativ häufig. Sicher kennen auch Sie eine Frau, die bereits eine oder sogar mehrere Fehlgeburten erlitten hat. Nur jede dritte befruchtete Eizelle, schätzen Mediziner, entwickelt sich zu einem lebensfähigen Kind. Oft verlieren Frauen die Frucht, bevor sie die Schwangerschaft überhaupt bemerkt haben.

Wie hoch ist das Risiko?

Viele Frauen nutzen Schwangerschaftstests, um bereits zu einem sehr frühen Zeitpunkt zu erfahren, ob sie ein Kind erwarten. Diese Tests arbeiten mittlerweile sehr zuverlässig. Aber ein positives Testergebnis bedeutet leider nicht, dass die Frau das Kind auch wirklich austrägt. Etwa jede zweite der nur durch einen Test nachgewiesenen Schwangerschaften geht verloren.

Besser stehen die Chancen, wenn Ihre Schwangerschaft bereits im Ultraschall zu sehen ist. Dies ist etwa ab der sechsten Schwangerschaftswoche (gerechnet vom ersten Tag der letzten Periode) der Fall. Die Gefahr eines Aborts liegt nun noch zwischen 13 und 16 Prozent.

Mit der Dauer der Schwangerschaft sinkt das Risiko einer Fehlgeburt immer weiter. Insgesamt treten über 90 Prozent aller Fehlgeburten vor dem Ende der zwölften Schwangerschaftswoche auf. Viele Paare sagen deshalb erst nach dieser kritischen Phase Freunden und Verwandten, dass sie ein Kind erwarten.

Hinweise auf eine drohende Fehlgeburt

Auch nach einer Fehlgeburt darf und soll Trauer ausgelebt werden.

Auffälligstes Warnsymptom einer drohenden Fehlgeburt ist eine Blutung. Manchmal wird sie von ziehenden, wehenartigen Unterleibsschmerzen begleitet. In fast jedem zweiten Fall weist eine Blutung darauf hin, dass etwas nicht stimmt. Tritt bei Ihnen im frühen Stadium der Schwangerschaft eine Blutung auf, sollten Sie zum Arzt gehen. Er kann auf dem Ultraschallbild sehen, ob das Herz des Kindes schlägt, das heißt, ob es lebt. Bereits in der sechsten bis siebten Schwangerschaftswoche ist dieser Nachweis bei fast allen Schwangerschaften möglich.
Ist kein Herzschlag zu erkennen oder die Embryonalanlage zu klein, muss nach kurzer Zeit (meist nach einer Woche) eine weitere Ultraschallkontrolle durchgeführt werden. Eventuell wurde das Schwangerschaftsalter falsch berechnet. Oder bei der ersten Untersuchung waren die Bedingungen nicht ideal. Bei sehr frühen Schwangerschaften kann der Arzt zusätzlich das so genannte Schwangerschaftshormon (β-HCG) im Blut prüfen. Dessen Wert sollte sich alle zwei Tage etwa verdoppeln.

Die Ursachen

Es gibt viele Ursachen für eine Fehlgeburt. Sehr häufig sind die Chromosomen falsch verteilt. Statt fehlentwickeltes Leben weiter wachsen zu lassen, bricht die Natur dann den Prozess der Schwangerschaft ab. Daneben kommen auch Hormonstörungen als Grund für eine frühe Fehlgeburt in Frage, zum Beispiel eine Gelbkörperschwäche (siehe Seite 48).
Wichtig für einen ungestörten Verlauf der Schwangerschaft ist eine gesunde Gebärmutter. Gibt es angeborene Fehlbildungen des Organs, Muskelknoten oder Verklebungen, kann dies zu einem Abort führen. Auch manche Virusinfektionen (zum Beispiel Röteln oder Masern) und auch Infektionen mit anderen Erregern (etwa Toxoplasmose und Listeriose) gefährden eine Schwangerschaft auch noch in fortgeschrittenem Stadium.

Was Sie tun können

Droht eine Fehlgeburt, haben Mediziner darauf nur wenig Einfluss. Sie selbst sollten sich schonen, eventuell sogar einige Zeit das Bett hüten. Gebärmutter und Mutterkuchengewebe werden dann besser durchblutet. Zwar kann bisher niemand sagen, ob das wirklich hilft. Es schadet

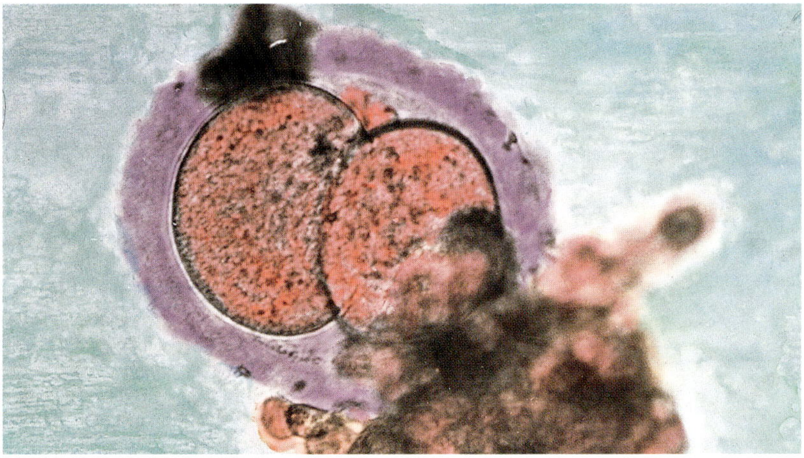

Die Entwicklung der befruchteten Eizelle ist ein äußerst komplexer Prozess. Treten dabei Störungen auf, endet die Schwangerschaft meist sofort.

aber sicher nicht. Auf alle Fälle sollten Sie in dieser kritischen Zeit Geschlechtsverkehr vorsichtshalber vermeiden: Die Samenflüssigkeit enthält nämlich bestimmte Substanzen, die die Gebärmutter veranlassen, sich zusammenzuziehen. Es besteht die Gefahr, dass dann weitere Blutungen auftreten.
Als wenig aussichtsreich hat sich übrigens erwiesen, drohende Fehlgeburten mit Hormongaben zu behandeln. Besteht eine Gelbkörperschwäche, die das Risiko einer frühen Fehlgeburt erhöht, muss mit einer Hormontherapie bereits vor der Schwangerschaft begonnen werden (siehe ab Seite 114).

Wenn das Schicksal unabwendbar wird

Wenn Sie schwanger werden möchten, ist es sinnvoll, verschiedene körperliche Voraussetzungen zu überprüfen und eventuell vorbeugend Vitamin- oder Mineralstoffpräparate einzunehmen (siehe auch Seite 62).

Neben dem drohenden Abort gibt es den unaufhaltsamen Abort. Auch hier treten starke Blutungen und Schmerzen auf. Außerdem beginnt der Muttermund, sich zu öffnen. Wenn das passiert, lässt sich die Fehlgeburt nicht mehr verhindern.
Eine Sonderform ist der »verhaltene Abort«. Oft sind dabei die nachlassende morgendliche Übelkeit oder das Schwinden des Brustspannens die einzigen Hinweise. Wieder zeigt erst der Ultraschall, was genau passiert ist. Es kann zum Beispiel sein, dass die Embryonalanlage völlig fehlt. Oder wenn ein Embryo da ist, lässt sich oft kein Herzschlag nachweisen. Die Kontrolle des Schwangerschaftshormons im Blut zeigt oft fallende Werte. Der Embryo lebt nicht mehr.
Diagnostiziert der Arzt einen unaufhaltsamen oder einen verhaltenen Abort, muss er die Gebärmutter ausschaben. Es drohen sonst Blutungsstörungen und Entzündungen.
In Zweifelsfällen kann der Gynäkologe aber mit einer Ausschabung durchaus auch noch einige Tage warten.

Was passiert beim nächsten Mal?

Vielleicht hatten Sie bereits eine Fehlgeburt und fürchten, eine weitere zu erleiden? Grundsätzlich haben Sie bei weiteren Schwangerschaften kein erhöhtes Abortrisiko. Nur bei einer von hundert Frauen kommt es zu drei oder mehr Fehlgeburten in Folge. Experten sprechen dann von einer »habituellen Abortneigung«. In diesen Fällen liegt das Risiko für erneute Fehlgeburten deutlich höher, nämlich bei 35 bis 50 Prozent.
Neben den bereits genannten Ursachen spielt auch das mütterliche Immunsystem eine Rolle. Umstritten ist, ob das mütterliche Immunsystem entscheidet, ob der Embryo sich einnisten und wachsen kann, oder ob sich der Embryo aktiv vor dem Immunsystem der Mutter schützt.
Gerade bei wiederholten Fehlgeburten vermutet man, dass auch Umweltgifte als Verursacher in Frage kommen (Schwermetalle, Pestizide, organische Lösungsmittel). Liegt ein solcher Verdacht vor, sollte der behandelnde Arzt Umweltmediziner und Toxikologen hinzuziehen.
Es ist außerdem möglich, dass die Psyche beteiligt sein kann, wenn Fehlgeburten wiederholt auftreten (siehe ab Seite 89).

Lassen Sie sich Zeit, eine Fehlgeburt zu verarbeiten. Panik vor weiteren Fehlgeburten ist jedoch meist unnötig.

Die Eileiterschwangerschaft

Auch das kann passieren: Die befruchtete Eizelle nistet sich nicht in der Gebärmutter, sondern im Eileiter oder – seltener – in der Bauchhöhle ein. Etwa zwei bis drei von hundert Schwangerschaften enden als Eileiterschwangerschaften. Ein erhöhtes Risiko hierfür besteht, wenn die Frau Eileiterentzündungen, Operationen am Eileiter, Endometriose (siehe Seite 78) oder bereits eine Eileiterschwangerschaft hinter sich hat. Eine Eileiterschwangerschaft kündigt sich durch Blutungen in der Frühschwangerschaft und starke Unterbauchschmerzen an. Auf dem Ultraschallbild bestätigt sich der Verdacht dann: Die Gebärmutter ist leer. Manchmal erkennt der Arzt sogar den Fruchtsack im Eileiter.

Bei Verdacht sofort zum Arzt!

Eine Eileiterschwangerschaft ist immer ein gynäkologischer Notfall! In der Regel muss sofort operiert werden. Dies geschieht heute meist durch Knopflochchirurgie (siehe ab Seite 121). In der Regel kann der Eileiter gerettet, und starke innere Blutungen können verhindert werden. Die Schwangerschaft aber geht unweigerlich verloren. Nach einer Eileiterschwangerschaft können Sie auch wieder schwanger werden. Wie nach einer Fehlgeburt aber sollten Sie drei Monate warten, bevor Sie es erneut versuchen. Beim nächsten Kind sollte Ihr Arzt frühzeitig prüfen, ob sich der Embryo nun in der Gebärmutter eingenistet hat.

Neue Wege zum Wunschbaby

Sie wünschen sich schon seit einiger Zeit ein Baby – ohne Erfolg. Inzwischen gibt es jedoch viele Möglichkeiten, auch den Paaren zu ihrem Wunschkind zu verhelfen, bei denen es nicht einfach so »klappt«.

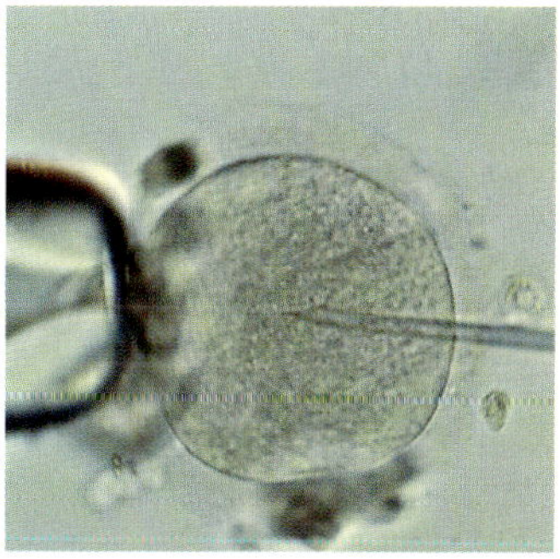

Vielleicht fühlen Sie sich auch überfordert von der Vielzahl an Methoden – Hormonbehandlungen, künstliche Befruchtung, Mikrochirurgie, um nur einige zu nennen. Dieses Kapitel hilft Ihnen, sich einen Überblick über die modernen medizinischen Möglichkeiten zu verschaffen, und zeigt, dass Sie der Behandlung keineswegs hilflos und unmündig ausgeliefert sind: Sie können bis zu einem gewissen Punkt den Erfolg selbst mit beeinflussen.

Nicht zuletzt ist es wichtig, dass Sie auch Ihrer Seele die Hilfe gönnen, die sie im Verlauf der Behandlung vielleicht benötigt. Und dass Sie nicht vergessen, Ihr Leben – mit oder ohne Wunschkind –, Ihre Partnerschaft und alles, was Ihnen Tag für Tag Freude macht, so intensiv wie möglich zu genießen.

Verschiedene Untersuchungsmethoden

Eine gründliche Diagnose ist die Basis der Kinderwunschbehandlung.

Nur bei etwa 5 Prozent aller Paare mit unerfülltem Kinderwunsch kann man die Ursachen der Kinderlosigkeit nicht herausfinden (siehe auch ab Seite 87). Bei einigen erschließt sich die eigentliche Ursache auch erst im Verlauf einer Therapie.
Diese zu erkennen ist deshalb wichtig, weil mit Hilfe der Diagnostik die angemessene Therapie für den ganz individuellen Fall bestimmt werden soll. Und zwar immer nach dem Grundsatz: So wenig wie möglich, so viel wie unbedingt nötig.

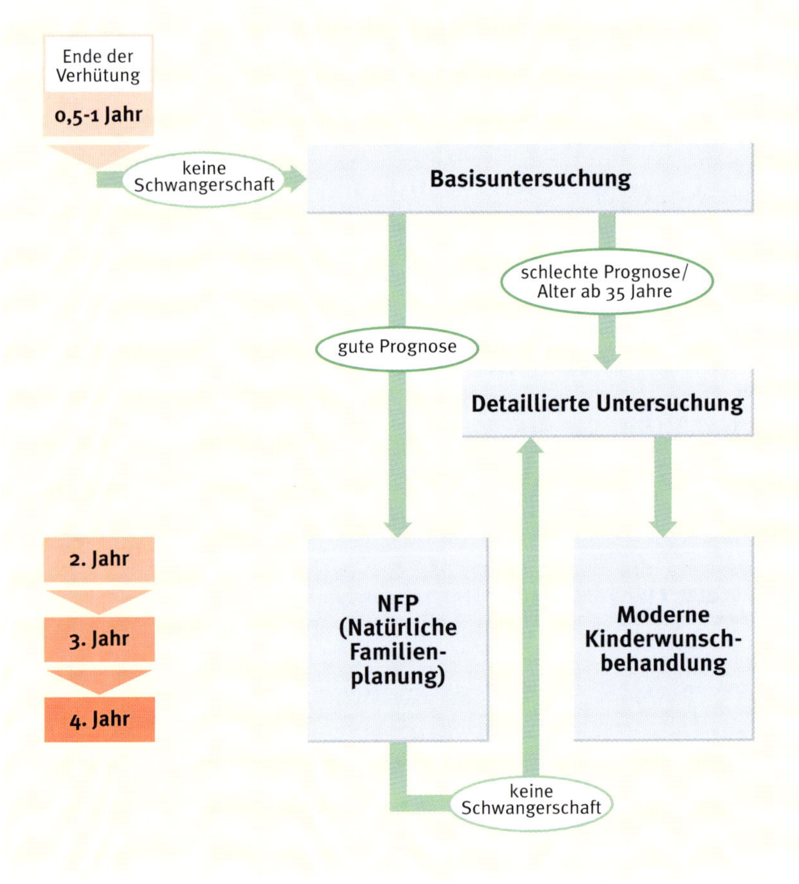

Die Übersicht zeigt auf einen Blick, welches Vorgehen einem Paar mit unerfülltem Kinderwunsch empfohlen wird.

Als Einstieg in eine Behandlung sollte sich das Paar in einer gemeinsamen Sprechstunde durch einen Gynäkologen und einen Andrologen beraten lassen.

Der ideale Anfang: ein gemeinsames Gespräch

Die Suche nach der Ursache bezieht natürlich immer beide Partner ein. Am wichtigsten ist zu Beginn einer Kinderwunschtherapie das ausführliche Gespräch über Ihre individuelle Vorgeschichte. Daran sollten – neben dem Kinderwunschpaar – unbedingt ein Androloge und ein Gynäkologe beteiligt sein.

Zurückliegende Krankheiten beider Partner geben wichtige Anhaltspunkte: Bei der Frau können wiederholt aufgetretene Eierstockentzündungen einen Eileiterschaden verursacht haben oder sogar einen vollständigen Eileiterverschluss. Zwischenblutungen oder starke Zyklusunregelmäßigkeiten deuten auf Hormonstörungen hin. Sie können aber auch Folge einer Erkrankung der Gebärmutterschleimhaut oder der Gebärmuttermuskulatur sein. Sehr lange Abstände zwischen den Monatsblutungen weisen auf Probleme bei der Eizellreifung hin, längeres Bluten vor der eigentlichen Monatsblutung auf eine Gelbkörperschwäche (siehe Seite 48).

Auch beim Mann gibt es Vorerkrankungen, die wichtige Indizien liefern können. Hierzu zählen etwa ein Hodenhochstand, eine Hodenverdrehung, Verletzung der Hoden oder schwere Virusinfektionen in der Pubertät (siehe ab Seite 81).

Je konkreter sich eine bestimmte Ursache herauskristallisiert, umso gezielter kann der Arzt geeignete Untersuchungsverfahren auswählen. Ein gewisses schematisches Vorgehen ist jedoch in jedem Fall notwendig (siehe Kasten Seite 103). Sonst besteht die Gefahr, mögliche weitere Ursachen zu übersehen. Oder – falls sich der Anfangsverdacht als falsch erweist – die eigentliche Ursache nicht zu finden.

Jüngeren Paaren, bei denen in einer Basisuntersuchung keine körperlichen Einschränkungen der Fruchtbarkeit festgestellt wurden, bietet die NFP (siehe ab Seite 25) eine gute Chance aufs Wunschbaby.

Einsatzmöglichkeiten der modernen Medizin

Das wichtigste Anliegen der modernen Kinderwunschtherapie ist für einen verantwortungsvollen Mediziner immer, gemeinsam mit Ihnen den sanftesten Weg zur Behandlung zu finden. Dabei sollen grundsätzlich die Risiken für das noch nicht entstandene Kind und für die zu behandelnde Frau so gering wie möglich sein. Dieses Vorgehen bezeichnet man als »freundliche Kinderwunschtherapie« (siehe auch Seite 69).
Es gibt bei der Behandlung des unerfüllten Kinderwunsches kein Standardschema, dem der Arzt folgt. Welche Maßnahme zu welchem Zeitpunkt ergriffen wird, kann von Fall zu Fall unterschiedlich sein. Medizinische, persönliche, rechtliche und auch finanzielle Gesichtspunkte spielen dabei eine Rolle. Gerade zu Anfang einer Kinderwunschtherapie stehen intensive Gespräche darüber und die Suche nach den Ursachen im Vordergrund.

Den optimalen Weg finden

In der modernen Medizin gibt es zahlreiche Wege zum Wunschkind. Die künstliche Befruchtung ist eine der bekanntesten Methoden.

Ihr Arzt wird nach einer Basisuntersuchung mit Ihnen diskutieren, ob in Ihrem ganz persönlichen Fall die Voraussetzungen und die Prognosen so gut sind, dass Sie mit Hilfe aufmerksamer Körperbeobachtung – also mit der Natürlichen Familienplanung (siehe ab Seite 25) – zu Ihrem Wunschkind kommen können, oder ob andere Therapiewege besser geeignet und nötig sind. Wenn in Ihrem Fall bestimmte körperliche Ursachen für die Kinderlosigkeit bestehen, kann man die Hilfe der modernen Medizin in Betracht ziehen. Das gilt auch für Paare, die bereits seit drei Jahren oder länger vergeblich auf Nachwuchs hoffen, ohne dass die Ursache für ihre ungewollte Kinderlosigkeit gefunden wurde.

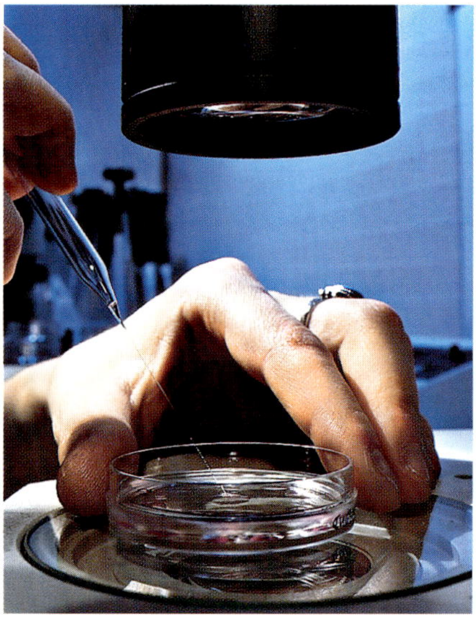

Die Antworten auf die Fragen im Kasten rechts oben bilden die so genannte Arbeitsdiagnose. Diese hilft dem Arzt, geeignete Therapien auszuwählen. Mann und Frau werden dabei nicht unabhängig voneinander behandelt: Ursachen beim Mann ziehen sehr oft therapeutische Maßnahmen bei der Frau nach sich. Ihr Arzt sollte Sie immer in seine Überlegungen mit einbeziehen. Gemeinsam stimmen Sie den jeweils nächsten Schritt ab. Zunächst wird er Ihnen die einfachste und am wenigsten belastende Strategie vorschlagen. Bitte seien Sie nicht enttäuscht, wenn ein erster Behandlungsversuch nicht gleich klappt. Die Natur hat bei der Fortpflanzung oft mehrere Versuche vorgesehen!

Ursachen erkennen – geeignete Therapie bestimmen
Ihr Arzt wird versuchen, mit Hilfe verschiedener Untersuchungen folgende Fragen zu beantworten:

- Sind bei der Frau Eisprünge nachweisbar und ist zu erwarten, dass »gute« Eizellen heranreifen?
- Werden beim Mann ausreichend viele, gut bewegliche und normal geformte Samenzellen gebildet?
- Können Eizelle und Samenzellen zusammentreffen, das heißt, sind die Wege frei (bestehen keine Gebärmuttererkrankungen, Eileiterschäden oder Ähnliches)?
- Können die Samenzellen im Gebärmutterhalsschleim lange genug überleben und bewegen sie sich dort auch gut?
- Könnte es sein, dass die Samenzellen die Eizellen nicht befruchten können? Oder lassen sich möglicherweise die Eizellen schlecht befruchten?
- Liegt eine Endometriose vor, die behandelt werden muss?

Moderne Therapieformen aktiv beeinflussen

Jede Therapie bedeutet für Sie auch Unannehmlichkeiten: Blutabnahmen, Ultraschalluntersuchungen, begleitet von Wartezeiten beim Arzt. Für viele Patienten bringt es Probleme mit sich, die zahlreichen Termine mit den eigenen Arbeitszeiten zu vereinbaren. Sprechen Sie mit Ihrem Arzt über diese Situation. Er kann Ihnen Vorschläge machen, wie Sie sich das Leben mit der Kinderwunschtherapie etwas einfacher machen können (siehe auch ab Seite 166). Ultraschalluntersuchungen sind zum Beispiel erst dann fällig, wenn Sie selbst den nahenden Eisprung beobachten. Das den Eisprung auslösende Hormon LH können Sie durch einen Urintest zu Hause gut auch selbst bestimmen. Manche Untersuchungen und Termine können Sie sich – vor allem als Frau – ersparen, wenn Sie aktiv an der Behandlung teilnehmen und mit Hilfe der Natürlichen Familienplanung die Zeichen Ihres Körpers bewusst wahrnehmen (siehe ab Seite 25). Eine große Belastung bei einer Kinderwunschbehandlung ist für die meisten Paare erfahrungsgemäß der Geschlechtsverkehr »nach Stundenplan«. Für manche Männer ist es eine Strapaze, wenn sie ihren Samen zu einer bestimmten Uhrzeit liefern müssen (siehe auch Seite 131). Sprechen Sie mit Ihrem Arzt auch darüber. Bei einigen Therapien können Sie durchaus normal an verschiedenen Tagen Verkehr haben. Manchmal ist allerdings nur die Therapie erfolgversprechend, die mit solchen Umständen verbunden ist. Vielleicht hilft es Ihnen dann, wenn Sie sich bewusst machen, dass diese Umstände ja nur für eine gewisse Zeit so sein werden.

Mit Hilfe der NFP können Sie sich die Kinderwunschbehandlung erleichtern: Untersuchungen und Behandlungen können genauer auf Ihren individuellen Zyklus abgestimmt werden.

Diagnose und Therapien für die Frau

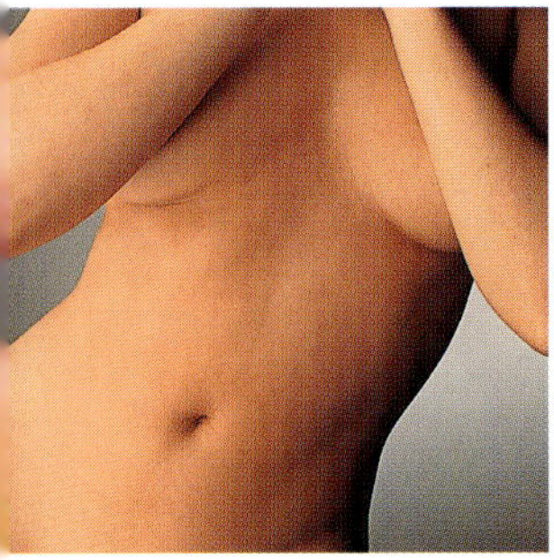

Rätselhafte Schönheit: der weibliche Körper.

Viele Frauen haben schon mehrere Jahre verhütet, bevor sie sich bewusst dafür entscheiden, ein Kind zu bekommen. Auch wenn wohl jede Frau hofft, problemlos schwanger zu werden, haben die meisten unterschwellig Angst, dass es doch nicht ganz so einfach gehen könnte. Deshalb sind viele Frauen rasch verunsichert, wenn sie nicht gleich in den ersten Monaten ohne Verhütung schwanger werden. Diese Angst ist jedoch häufig verfrüht: Bei vielen Frauen »schwankt« die Fruchtbarkeit – das heißt, es gibt wahrscheinlich Zeiten, in denen sie sehr schnell schwanger werden können, und andere Phasen, in denen das nicht so rasch klappt.

Als Frau können Sie sich ein sicheres Körperwissen aneignen: mit der Methode der Natürlichen Familienplanung (NFP, siehe ab Seite 25). Diese basiert auf der Beobachtung des eigenen Körpers. Das dabei gewonnene Wissen hilft Ihnen, die körperlichen Veränderungen und Vorgänge rund um die Fruchtbarkeit zu verstehen. Und nicht zuletzt ist die NFP auch für eine eventuelle Kinderwunschbehandlung sehr wichtig: Sie hilft Ihnen, unnötige Untersuchungen zu vermeiden – und manchmal auch die notwendigen Behandlungen zu vereinfachen.

Ursachen erkennen: So hilft aufmerksame Körperbeobachtung

Auch aktuelle Lebensumstände (siehe auch ab Seite 59) und ungesunde Gewohnheiten können sich negativ auf die Fruchtbarkeit auswirken.

Wenn Sie ein Zyklusblatt nach den Regeln der Natürlichen Familienplanung führen (siehe ab Seite 27, Kopiervorlage für das Zyklusblatt Seite 178), kann Ihr Frauenarzt daraus bereits viele wertvolle Hinweise gewinnen. Aus den Zyklusblättern lässt sich herauslesen, ob der Verkehr zur günstigsten Zeit stattfindet. Wenn Ihre Temperaturkurve eine Tief- und danach eine Hochlage von mehr als 10 Tagen zeigt (siehe Seite 41), beweist das fast immer, dass ein Eisprung stattgefunden hat. Wenn Ihr Zyklus außerdem zwischen 23 und 35 Tage lang ist und in einem Zyklus mehrere Tage lang Zervixschleim auftritt, können Sie davon ausgehen, dass bei Ihnen die hormonellen Abläufe nicht gestört sind.

Mit zunehmendem Alter verkürzen sich bei den meisten Frauen die Monatszyklen. Das liegt daran, dass die Phase vor dem Eisprung sich im Laufe der Jahre um zwei bis vier Tage verkürzt – der Eisprung tritt also früher ein als in jungen Jahren. Später verkürzt sich auch die Temperaturhochlage, also die Phase nach dem Eisprung. Werden die Zyklen

dann wieder deutlich länger, aber auch unregelmäßiger, ist das häufig ein Hinweis darauf, dass die Wechseljahre begonnen haben.
Die Zyklusaufzeichnung sagt allerdings nichts darüber aus, wie viele Eizellen noch zur Verfügung stehen (so genannte ovarielle Reserve). Es kann also deshalb trotz regelmäßiger Zyklen bei Frauen über 35 Jahren der Fall sein, dass sich eine Erschöpfung der Eierstöcke anbahnt. Diese ist dann möglicherweise eine Ursache dafür, dass es Probleme mit dem Schwangerwerden gibt.

Untersuchungen, um Ursachen auf Seiten der Frau festzustellen

- Körperbeobachtung nach den Regeln der Natürlichen Familienplanung durch die Frau selbst (siehe ab Seite 25)
- psychotherapeutisches Gespräch (siehe ab Seite 146)
- Untersuchungen des Zervixschleims (Insler-Score, siehe ab Seite 107)
- Verträglichkeitstests (siehe ab Seite 85)
- Scheidenabstrich (siehe ab Seite 108)
- Tastuntersuchung der Unterleibsorgane
- Ultraschalluntersuchung (zyklusphasenabhängig, siehe ab Seite 109)
- Endoskopie (Bauch- und Gebärmutterspiegelungen, siehe Seite 112)
- Hormonuntersuchungen (zyklusphasenabhängig, siehe ab Seite 112)
- immunologische Untersuchungen (bei vorangegangener Fehlgeburt, siehe Seite 97)
- Feststellen von Schadstoff- und Umweltbelastungen (siehe Seite 84)

Im Gegensatz zu den Männern können Frauen häufig schon durch Beobachtung ihres eigenen Körpers feststellen, ob bestimmte Abläufe gestört sein könnten (siehe ab Seite 25).

Basisdiagnostik zum richtigen Zeitpunkt: Sie können mithelfen

Viele Untersuchungen im Rahmen der Kinderwunschtherapie sind nur dann aussagekräftig, wenn sie zum richtigen Zeitpunkt stattfinden. Das liegt daran, dass sich die zu messenden Phänomene im Laufe des Zyklus verändern. Auskunft darüber gibt die Selbstbeobachtung (Seite 31), der Insler-Score und die Ultraschalluntersuchung. Wichtig ist das beim Scheidenabstrich, beim Postkoitaltest, anderen Verträglichkeitstests und bei Blutabnahmen für Hormonuntersuchungen (siehe Seite 113). Allein die Wahl des richtigen Zeitpunkts kann falsche Verdachtsdiagnosen – etwa die auf Gelbkörperschwäche, fehlenden Eisprung oder im-

munologische Sterilität – zu Beginn der medizinischen Untersuchungen verhindern. Wenn Sie Ihren Körper mit Hilfe der NFP beobachten, gibt es für Sie die Möglichkeit, Ihren Gynäkologen zu unterstützen.
Wie das funktioniert, zeigt das folgende Beispiel: Betrachten Sie das Zyklusblatt unten. Es zeigt den Zyklus einer Frau, die aus ihren Aufzeichnungen Informationen zieht, die verschiedene Untersuchungen im Rahmen der Kinderwunschtherapie erleichtern. Die Frau beobachtet am 18. Zyklustag erstmals spinnbaren Zervixschleim und vereinbart telefonisch einen kurzfristigen Termin (zum Beispiel für den 19., 20. oder 21. Zyklustag), um den Eisprung per Ultraschalluntersuchung zu beurteilen. Jetzt ist der optimale Zeitpunkt dafür! Im Ultraschall sieht der Arzt das sprungreife Eibläschen. Wie gut es zur Befruchtung geeignet ist, zeigen verschiedene Hormonuntersuchungen. Mit Hilfe bestimmer Tests (Insler-Score und Postkoitaltest, siehe Seite 107 und 85) kann der Arzt außerdem prüfen, ob die Bedingungen für ein Überleben der Spermien im Zervixschleim der Frau zu diesem Zeitpunkt günstig sind. Auch eine weitere Untersuchung – die Blutabnahme zur Beurteilung der Leistung des Gelbkörpers – kann bereits jetzt für den 28. Zyklustag vereinbart werden.

Anhand dieser Aufzeichnung kann die Frau erkennen, wann ein Eisprung stattfindet. So können verschiedene Untersuchungen und die nachfolgende Behandlung optimal terminiert werden.

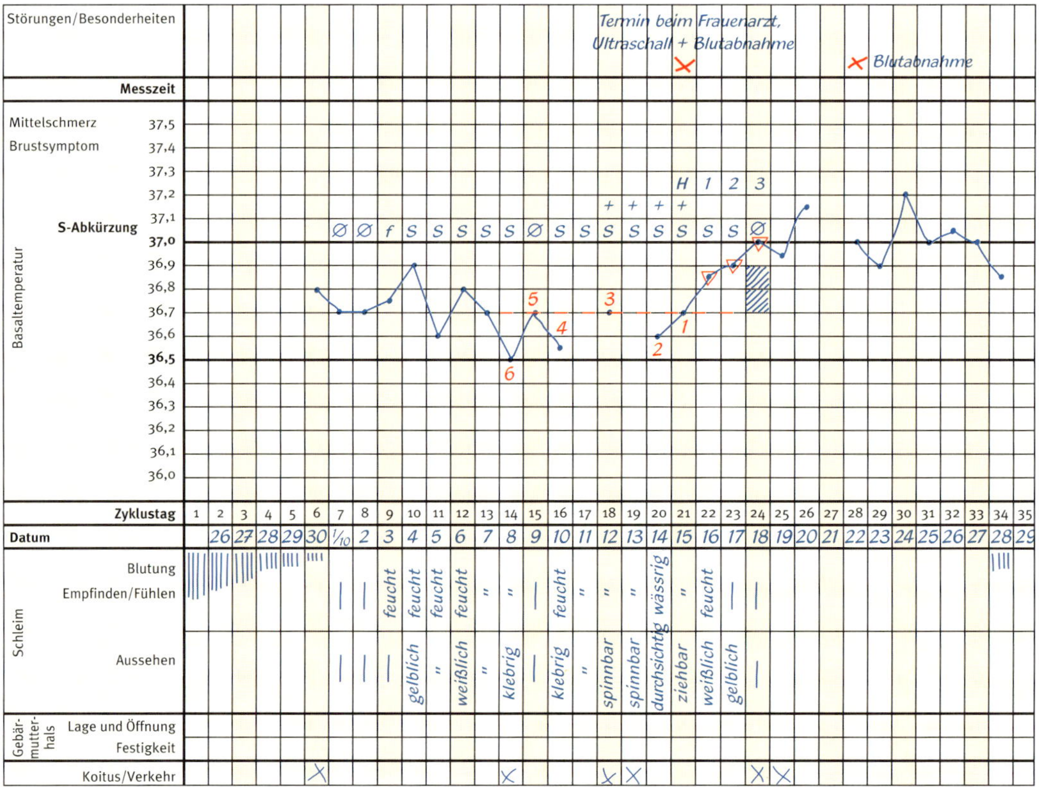

Das Lesen und Interpretieren ihrer Zyklusaufzeichnung erspart der Frau also mehrere Termine und Kontrollen. Ohne Zyklusblatt wäre ein erster Arzttermin spätestens um den 14. Zyklustag zum Zeitpunkt des erwarteten Eisprungs fällig gewesen. Das Blut für das Gelbkörperhormon hätte der Arzt etwa um den 21. Zyklustag abgenommen – und damit zu einem Zeitpunkt, an dem die Gelbkörperphase noch gar nicht begonnen hat!
Die Untersuchungen hätten unter diesen Umständen zu falschen Ergebnissen führen können (etwa zum Verdacht auf eine Gelbkörperschwäche). Außerdem wären zwischendurch wahrscheinlich weitere Ultraschallkontrollen durchgeführt worden.

Tipp

Beobachten der Körpertemperatur – wie sinnvoll ist das?
Leider gibt es immer noch viele falsche Vorstellungen über die Aussagekraft der Temperaturkurve (siehe auch ab Seite 40). Im Forschungsprojekt Natürliche Familienplanung an der Universität Düsseldorf wurde seit den 80er Jahren eine Datenbank aufgebaut. Inzwischen sind darin Daten aus über 30 000 Zyklen von 1508 Frauen enthalten. Auf dieser Grundlage gelten heute die folgenden zwei Aussagen als sehr sicher:

- Es gibt keinen Eisprung ohne Temperaturhochlage.
- Auch der umgekehrte Fall, eine Temperaturhochlage ohne Eisprung, tritt relativ selten auf. Wenn das doch passiert, handelt es sich um das so genannte LUF-Syndrom: Es wird Gelbkörperhormon gebildet, ohne dass vorher das Ei gesprungen, also das Eibläschen wirklich geplatzt ist.

Die Bewertung des Zervixschleims

Wie Sie wissen, ist der Zervixschleim für die Fortpflanzung ausgesprochen wichtig. Bietet der Zervixschleim der Frau den Spermien keine ausreichend guten Bedingungen, kann eine Befruchtung unmöglich werden (siehe auch ab Seite 85). Je nachdem, wie er beschaffen ist, kann der Gebärmutterhalsschleim die Spermien besser oder schlechter aufnehmen und aussortieren. Außerdem müssen die Spermien in dem Zervixschleim einige Tage überleben können und zudem noch eine spezielle Entwicklung absolvieren, ohne die eine Befruchtung nicht stattfinden kann.
Frauenärzte untersuchen den Schleim deshalb genau. Der israelische Gynäkologe Vaclav Insler hat dafür den »Insler-Score« entwickelt (auch als Zervix-Index bekannt). Dieser Index dient dazu, die Qualität des Zervixschleims zu beurteilen, und zwar nach einem Punktesystem: Die

Bei verschiedenen Tests wird die Beschaffenheit des Zervixschleims untersucht. Die Spermien müssen in ihm überleben und sich für die Befruchtung verändern. Diesen Vorgang nennt man Kapazitation.

maximal erreichbare Punktzahl 12 wird gegeben, wenn der Schleim reichlich vorhanden, klar und spinnbar ist. Gleichzeitig müssen der äußere Muttermund etwas geöffnet und im getrockneten Gebärmutterhalsschleim zahlreiche Verästelungen sichtbar sein (das so genannte Farnkrautphänomen, siehe auch Seite 58).
Erreicht der Zervix-Index zum Zeitpunkt des Eisprungs nur einen Wert unter 10, kann das durchaus die Ursache für den unerfüllten Kinderwunsch sein.
Entzündungen im Bereich der Scheide und des Gebärmutterhalses, vorangegangene Operationen oder auch ein gestörter Hormonspiegel können Auslöser für dieses Problem sein (siehe ab Seite 70).
So genannte Verträglichkeitstests (siehe ab Seite 85) sind nur bei optimalem Zervix-Index aufschlussreich. Oft liegt das negative Ergebnis eines solchen Tests daran, dass dieser zum falschen Zeitpunkt durchgeführt wurde. Wenn Sie mit Hilfe der NFP die Entwicklung Ihres Zervixschleims beobachten, können Sie oft selbst den richtigen Zeitpunkt für Verträglichkeitstests wählen.

Die Beschaffenheit des Zervixschleims kann bereits viel über die Fruchtbarkeit aussagen.

Barriere oder Wohlfühlmilieu: der Zervixschleim
Die Tatsache, dass der Zervixschleim eine wichtige Rolle bei der Entstehung eines Kindes spielt (siehe auch Seite 31), wird übrigens auch bei der Verhütung genutzt: Die Wirkung mancher Verhütungsmittel (zum Beispiel der Minipille) beruht darauf, dass sie den Gebärmutterhalsschleim in seinen physikalischen und chemischen Eigenschaften verändert. Der Zervixschleim wird für die Spermien undurchdringlich, und sein verändertes Milieu erlaubt den Samenfäden nicht, längere Zeit zu überleben.

Scheidenabstrich

Häufig wird zusätzlich zum Insler-Score ein Scheidenabstrich entnommen und unter dem Mikroskop untersucht. Dafür wird ein so genanntes Phasenkontrastmikroskop verwendet. Mit diesem erkennt man Zellen und Mikroorganismen, ohne vorher das mikroskopische Präparat anfärben zu müssen.
Im mikroskopischen Bild sieht der Arzt zur Zyklusmitte hin viele Scheidenschleimhautzellen, die reichlich Glykogen enthalten, ein besonderes Zuckermolekül. Glykogen dient den in der Scheide lebenden Milchsäurebakterien als Nahrungsquelle. Es ist deshalb wichtig für ein gesundes, saures Scheidenmilieu (pH-Wert um 4).

Entzündungen erkennen

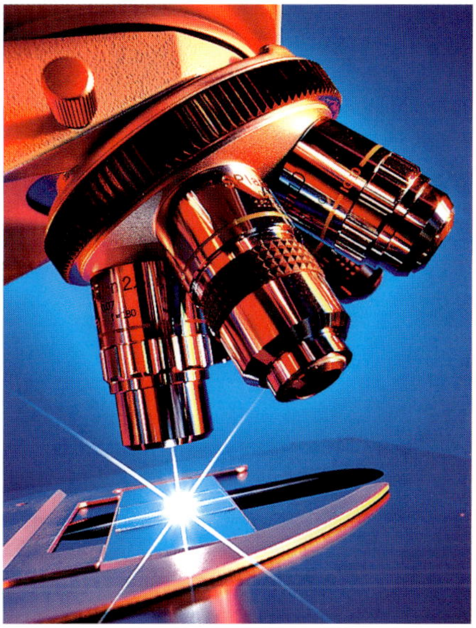

Ist das Scheidenmilieu verändert, können Infektionen die Ursache dafür sein. So zum Beispiel eine Infektion mit Gardnerella vaginalis (Bakterien) oder mit Trichomonaden (Einzellern).
Die mikroskopische Untersuchung des Scheidenabstrichs ist auch die einfachste Methode, um eine eventuelle bakterielle Fehlbesiedlung festzustellen. Häufig findet man dabei auch Hinweise auf eine Pilzinfektion. Scheideninfektionen müssen immer vom Arzt behandelt werden.

Infektionen diagnostizieren und rechtzeitig behandeln

Zusätzlich zur mikroskopischen Untersuchung, sollte in jedem Fall eine akute Chlamydieninfektion im Bereich des inneren Genitales ausgeschlossen werden. Bei Chlamydien handelt es sich um eine Bakterienart, die sich in den Zellen der Gebärmutterhalsschleimhaut vermehrt.
Chlamydieninfektionen gehören zu den sexuell übertragbaren Erkrankungen. Sie sind häufig Ursache einer akuten, manchmal auch »stummen« Eileiterentzündung. Letztere verläuft oft völlig unbemerkt, kann aber zu einem späteren Tubenschaden oder gar zu einem Tubenverschluss führen. Durch einen Abstrich vom Gebärmutterhals können Chlamydien nachgewiesen werden.
Zur Infektionsdiagnostik gehört auch eine Untersuchung des Blutes. Bei dieser wird der Röteln-Immunschutz überprüft. Auch Hepatitis-B- und -C-Infektionen sowie eventuell eine HIV-Infektion werden dabei ausgeschlossen.

Hoch entwickelte Mikroskope erleichtern heute die Diagnostik bei unerfülltem Kinderwunsch.

Untersuchungen per Ultraschall

Die Untersuchung mit Ultraschall (US) ist ebenfalls ein wichtiger Bestandteil der Sterilitätsdiagnostik und -therapie. Die Abläufe im Eierstock werden mit dem so genannten transvaginalen Ultraschall untersucht. Dabei befindet sich der Ultraschallkopf in der Scheide, nahe am Eierstock.
Eine Ultraschalluntersuchung ist bei voller Blase jedoch auch über die Bauchdecke möglich. Bei nahezu jeder Untersuchung im Rahmen der Kinderwunschtherapie wird heute der Ultraschall zur Zyklusdiagnostik eingesetzt.

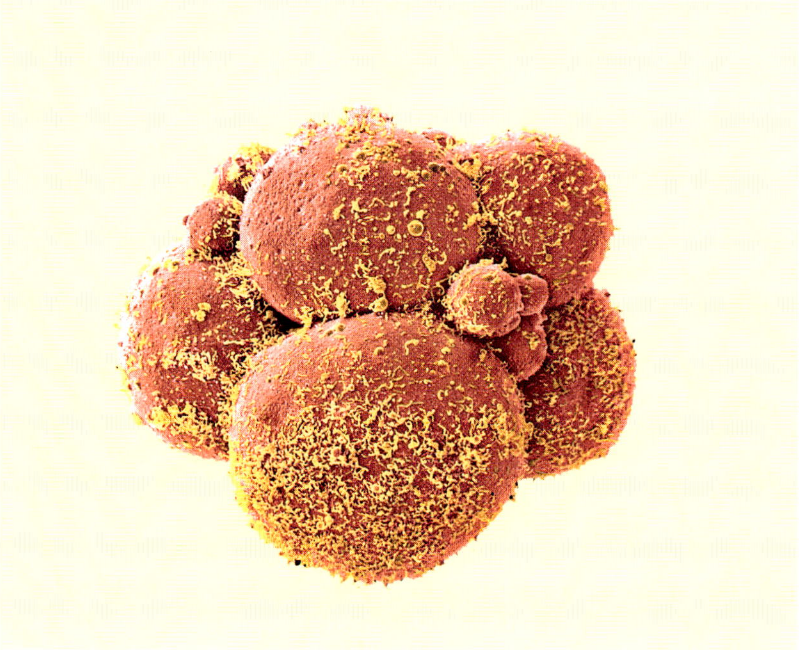

Von Anfang an ein Wunder der Natur: der Mensch. Hier ein achtzelliger Embryo.

Das erkennt der Arzt bei der Untersuchung

Bei der vaginalen Ultraschall-Untersuchung untersucht Ihr Arzt zunächst Form und Lage der Gebärmutter. Besonders sollte er dabei auf die Gebärmutterschleimhaut (Endometrium) achten. Diese verändert sich im Laufe des Zyklus in ganz bestimmter Weise. Diese Veränderungen sind gut im Ultraschall zu sehen und lassen zum einen Rückschlüsse auf die Reife des Eibläschens zu. Sie spiegeln aber auch die Östrogen- und Progesteronwerte im Blut wider.

Im Ultraschall ist auch gut erkennbar, wie dick die Gebärmutterschleimhaut ist. Zur Mitte des Zyklus hin nimmt sie stetig zu, bis sie schließlich eine Stärke von etwa 4 bis 7 Millimetern hat. Wichtig ist, dass sich Gebärmutterschleimhaut und Eibläschen synchron entwickeln. Zusätzlich können mit dem Ultraschall Fehlbildungen der Gebärmutter, Muskelknoten, Polypen oder eine Adenomyose (Seite 78) erkannt werden. Auch diese können die Fruchtbarkeit beeinträchtigen.

Normalerweise wachsen jeden Monat mehrere Eibläschen heran, von denen eines schließlich zum Eisprung kommt (siehe auch ab Seite 17).

Untersuchung der Eierstöcke

Besonders wichtig bei einer Ultraschalluntersuchung ist die genaue Kontrolle der Eierstöcke. Diese sind normalerweise etwa so groß wie eine Walnuss. Zwischen dem fünften und siebten Zyklustag können in beiden Eierstöcken mehrere kleine Follikel von etwa 3 bis 6 Millimetern

Größe zu sehen sein. Einer davon wird sich zum dominanten (»führenden«) Follikel entwickeln und etwa 18 bis 25 Millimeter groß werden. In den letzten Tagen vor dem Eisprung wächst dieser dominante Follikel täglich um etwa 2 Millimeter. Am Rande des Eibläschens ist mit Hilfe hoch auflösender Ultraschallgeräte der Eizellhügel erkennbar. In ihm liegt die winzige Eizelle, die nur einen Durchmesser von 0,15 Millimetern hat! Nach dem Eisprung zeigt sich im Ultraschall zunächst ein Gelbkörperbläschen und später der Gelbkörper (Corpus luteum) als helle und dichte Struktur. Der Ultraschall wird auch eingesetzt, um hormonell stimulierte Eierstöcke zu beobachten (siehe Seite 117). So kann man gut erkennen, wie viele Eibläschen sich entwickeln. Anhand ihrer Größe lässt sich der beste Zeitpunkt zum medikamentösen Auslösen des Eisprungs bestimmen.

Was sonst noch per Ultraschall beobachtet werden kann

Mit Hilfe spezieller Kontrastmittel lässt sich die Eileiterdurchgängigkeit per Ultraschall prüfen. Diese Untersuchung nennt man Hysterokontrastsonographie (HyCoSy). Dabei wird das Kontrastmittel durch einen Katheter in der Gebärmutter in die Eileiter gespritzt. Im Ultraschall kann man sehen, ob das Kontrastmittel die Eileiter passieren kann.
Häufig wird das so genannte polyzystische Ovarialsyndrom (PCO, siehe Seite 73) nur durch eine Ultraschalluntersuchung diagnostiziert. Es handelt sich dabei um eine Störung der Eizellreifung. Oft sind die Eierstöcke beinahe auf das Doppelte vergrößert und enthalten zahlreiche kleine Follikel, die kranzförmig angeordnet sind.
Manchmal wird mit Hilfe des Ultraschalls auch das so genannte LUF-Syndrom erkannt. Dabei wandelt sich das Eibläschen in einen Gelbkörper um, ohne dass zuvor ein Eisprung stattgefunden hat – das heißt, das Eibläschen ist nicht geplatzt, und die Eizelle wurde nicht herausgespült. Dieses Syndrom ist relativ selten, aber von besonderer Bedeutung. Die Basaltemperaturkurve verläuft nämlich dabei so, als hätte ein Eisprung stattgefunden, obwohl das eigentlich nicht der Fall ist.

Jetzt erkennen Sie bereits die ersten Formen Ihres Kindes im Ultraschall – ein rührender und wunderschöner Moment.

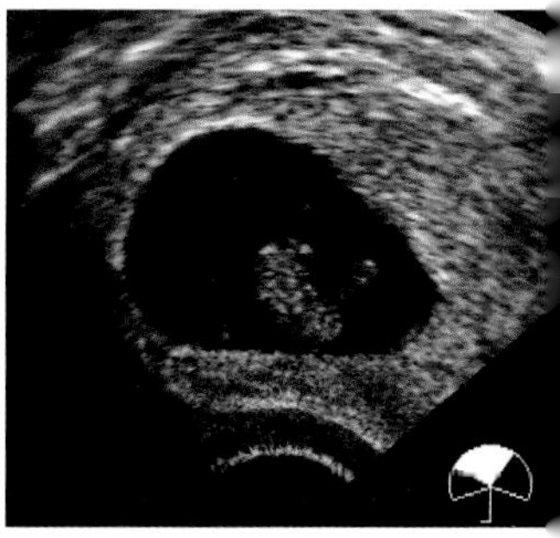

Hallo, Baby: Das erkennen Sie jetzt schon

Für Sie als Frau mit Kinderwunsch ist eine andere Einsatzmöglichkeit des Ultraschalls sicher weit interessanter: nämlich im Falle einer erfolgreichen Behandlung. Per Ultraschall ist schon kurz nach Ausbleiben der Periodenblutung in der Gebärmutter das Fruchtbläschen zu erkennen. Und etwa 40 Tage nach dem Beginn der letzten Periodenblutung können Sie auf dem Ultraschallbild erstmals den Embryo sehen. Sie können jetzt sogar schon erkennen, wie sein kleines Herz schlägt.

Suche per Endoskopie

Auch anatomische Abweichungen können einen unerfüllten Kinderwunsch verursachen. Um festzustellen, ob solche Veränderungen vorliegen, nutzen Mediziner vor allem endoskopische Verfahren, etwa Bauch- und Gebärmutterspiegelungen, zur Diagnostik. Bei einer Bauchspiegelung wird unter Vollnarkose ein Sichtrohr (Endoskop) durch einen kleinen Schnitt unterhalb des Bauchnabels in den Bauchraum eingeführt. Über eine angeschlossene Videokamera kann der Operateur die Bauchorgane, vor allem auch das innere Genitale, sehr gut erkennen.

Bei einer Gebärmutterspiegelung wird das Endoskop direkt durch den Muttermund in die Gebärmutter geschoben. Mit dieser Methode prüft man unter anderem, ob die Eileiter durchgängig sind (den so genannten Tubenfaktor). Außerdem wird festgestellt, ob Gebärmuttermuskelknoten (Myome) und/oder Polypen vorhanden sind. Auch genitale Besonderheiten kommen manchmal vor, zum Beispiel eine doppelt angelegte oder eine unterteilte Gebärmutter (siehe auch Seite 75).

Auch bei operativen Eingriffen wird heute darauf geachtet, dass die Verfahren möglichst schonend und risikoarm sind.

Manchmal können bereits durch eine Ultraschalluntersuchung der Gebärmutter und der Eileiter mit Kontrastmittel aussagekräftige Ergebnisse gewonnen werden (siehe Seite 111). In diesen Fällen kann man dann auf eine Operation per Knopflochchirurgie verzichten.

Hormonuntersuchungen

Parallel zu den anderen Untersuchungen werden Hormonbestimmungen durchgeführt. Sie dienen vor allem dazu, Funktionsstörungen der Eierstöcke abzuklären. Wenn Sie Zyklusaufzeichnungen führen, können Sie selbst die optimalen Termine für die erforderlichen Blutabnahmen festlegen (siehe auch ab Seite 104). So sollten beispielsweise die Steuerhormone FSH, LH, aber auch Prolaktin und TSH zwischen dem 3. und 5. Zyklustag bestimmt werden. Bei kurz bevorstehendem Eisprung können die Hormone Östradiol und Progesteron bestimmt werden. Der Östradiolwert ist wichtig, um die endokrine Aktivität des führenden Eibläschens zu bestätigen. Sechs bis acht Tage nach dem Eisprung kann die Hormonproduktion des Gelbkörpers kontrolliert werden. Zeigen sich bei einer dieser Untersuchungen Auffälligkeiten, sollten die Ergebnisse zunächst kontrolliert werden. Eventuell sind dann weitere Tests nötig, um die genaue Ursache zu ermitteln. Oft ergeben sich auffällige Resultate auch deshalb, weil die Untersuchungen nicht zum richtigen Zeitpunkt durchgeführt wurden. Diesen Risikofaktor können Sie jedoch durch eine regelmäßige Zyklusaufzeichnung (siehe ab Seite 27) selbst ausschalten.

Die Untersuchung vorbereiten

Vor Hormonuntersuchungen können Sie ruhig etwas essen und trinken. Nur wenn das Hormon Prolaktin bestimmt werden soll, müssen Sie einiges beachten. Sie sollten dann nicht kurz vor der Untersuchung duschen oder Sport treiben. Das könnte ebenso wie Stress den Prolaktinwert kurzfristig verändern. Bei der Prolaktinbestimmung und der Bestimmung von Hormonen der Nebennierenrinde (etwa Cortison) ist auch die Tageszeit wichtig. Der Hormonspiegel im Blut schwankt nämlich innerhalb eines Zyklus und im Laufe eines Tages. Aus diesem Grund ist es manchmal sinnvoll, Hormone aus mehreren verschiedenen Proben desselben Tages zu bestimmen. Bei unsicheren Resultaten hat Ihr Arzt noch die Möglichkeit, so genannte Provokationstests durchzuführen, damit eventuelle Abweichungen verstärkt werden. Solche Tests sind jedoch nur noch sehr selten nötig.

Gelegentlich müssen Hormonuntersuchungen auch mehrmals durchgeführt werden.

Mögliche Therapien

Je nachdem, welche Ursachen für die Kinderlosigkeit festgestellt wurden, ergeben sich unterschiedliche Behandlungsmöglichkeiten. Ihr behandelnder Arzt wird gemeinsam mit Ihnen entscheiden, welche davon in Ihrem individuellen Fall am besten geeignet sind. Schließlich entscheiden Sie selbst, welche der vorgeschlagenen Behandlungen Sie auch in Anspruch nehmen wollen (siehe auch Seite 146).

Behandlungsmöglichkeiten bei Ursachen auf Seiten der Frau

Hormontherapien (siehe ab Seite 114)

- bei fehlendem Eisprung durch eine Störung im Zwischenhirn
- bei Störung der Eizellreifung durch zu viel männliche Hormone
- bei Funktionsstörungen der Schilddrüse
- bei erhöhtem Prolaktinwert
- als milde Zyklusstimulation

zum Unterstützen der Gelbkörperphase

zum Auslösen von Eisprüngen (für Insemination oder IVF)

Operationsverfahren (siehe ab Seite 120)

- Mikrochirurgie
- operative Bauchspiegelung/Gebärmutterspiegelung

Methoden der assistierten Reproduktion (siehe ab Seite 132)

- Inseminationen
- GIFT
- IVF/ICSI

Welche Behandlungsmöglichkeiten für Sie wahrscheinlich in Frage kommen, können Sie auch der Übersicht auf Seite 144/145 entnehmen.

Hormontherapien

Wenn Sie erfahren, dass eine Hormontherapie nötig ist, lassen Sie sich von Ihrem Arzt ausführlich über Umfang, Zweck und Umstände der Behandlung informieren.

Bei moderner Kinderwunschbehandlung denken viele sofort an die verschiedenen Formen künstlicher Befruchtung. Neben diesen Techniken spielen aber auch verschiedene Hormontherapien eine große Rolle. Möglicherweise werden Sie mit einer Hormonbehandlung auf normalem Wege schwanger: Manchmal reicht es einfach, der Natur ein bisschen auf die Sprünge zu helfen! In anderen Fällen gelingt es vielleicht, den Hormonhaushalt auszugleichen, doch noch immer sind die Voraussetzungen für eine Schwangerschaft nicht ideal. Dann kann es nötig sein, die Eierstöcke über das natürliche Maß hinaus weiter anzuregen, etwa zur Vorbereitung einer künstlichen Befruchtung.

Schließlich kann in Ihrem Fall zwar der Hormonhaushalt funktionieren. Doch aufgrund eines anderen körperlichen Problems – bei Frau oder Mann – kommt nur eine künstliche Befruchtung in Frage. Dann setzt man ebenfalls Hormone ein, um die Eierstöcke dazu anzuregen, mehrere Eibläschen gleichzeitig auszubilden (siehe ab Seite 116).

Tipp

Wann sind Hormonbehandlungen nötig?
Kinderwunschspezialisten setzen Hormongaben ein
- wenn der Hormonhaushalt der Frau gestört ist und/oder
- um optimale Voraussetzungen für eine Insemination oder eine künstliche Befruchtung zu schaffen.

Fehlender Eisprung durch eine Störung im Zwischenhirn

In die Kinderwunschsprechstunde kommen oft Frauen, die aufgrund einer Störung im Zwischenhirn sehr selten oder nie einen Eisprung haben. Diese Störung, bei der auch die Periodenblutung ausbleibt, nennt man Amenorrhoe.

Ausgangssituation: Die eigentliche Ursache bleibt oft ungeklärt. Fest steht aber, dass das Zwischenhirn das übergeordnete Steuerhormon GnRH (siehe Seite 17) nicht ausschüttet. Dies wiederum bedeutet, dass die Hirnanhangsdrüse nicht veranlasst wird, diejenigen Hormone in entsprechender Menge auszuschütten, die dafür sorgen, dass die Eibläschen im Eierstock heranreifen.

Behandlungsverlauf: Bei einer Hormontherapie führt der Arzt dem Körper das fehlende Steuerhormon von außen zu. Dies geschieht mit Hilfe einer kleinen, computergesteuerten Pumpe, die die Frau am Körper trägt. Alle 90 Minuten schleust diese Pumpe eine bestimmte Hor-

mondosis in die Blutbahn der Frau. Der daraufhin folgende Ablauf gleicht dem in einem natürlichen Zyklus: Die Hirnanhangsdrüse setzt die Hormone FSH und LH frei. Diese stimulieren die Eierstöcke.
Besonderheiten: Das Mehrlingsrisiko ist bei dieser Methode sehr niedrig. Natürlich ist auch eine direkte Stimulation der Eierstöcke mit FSH möglich. Dabei ist jedoch die Gefahr einer Überstimulation sehr groß – die Folge ist ein hohes Mehrlingsrisiko. Deshalb muss in diesem Fall äußerst vorsichtig und unter ständiger Überwachung der körperlichen Reaktionen per Ultraschall stimuliert werden.

Mit Hilfe moderner Medikamente und Verfahren kann der Körper dabei unterstützt werden, sein hormonelles Gleichgewicht zu finden.

Störung der Eizellreifung durch zu viel männliche Hormone

Der weibliche Körper bildet auch männliche Hormone, und zwar in den Eierstöcken und in der Nebenierenrinde.
Ausgangssituation: Manchmal werden zu viel männliche Hormone produziert. Hinweis darauf ist ein vermehrter Haarwuchs im Gesicht, auf der Brust oder am Nabel. Auch unreine Haut bis hin zur Akne und vor allem seltene Periodenblutungen deuten darauf hin, dass der Haushalt an männlichen Hormonen unausgeglichen ist. Im Ultraschall sind in den Eierstöcken der betroffenen Frauen zwar viele kleine Eibläschen sichtbar, ein dominantes Eibläschen fehlt jedoch fast immer. Es kommt daher auch nicht zu einem Eisprung. Man bezeichnet das als polyzystisches Ovarsyndrom (PCO, siehe Seite 73). Die Quelle der zu starken Produktion männlicher Hormone spielt für die Symptomatik nur eine untergeordnete Rolle. Die betroffenen Frauen sind meist übergewichtig oder aber sehr schlank.
Behandlungsverlauf: Oft hilft es übergewichtigen Frauen bereits, wenn sie abnehmen. Um einen Eisprung auszulösen, werden heute in der Regel die so genannten Gonadotropine eingesetzt. Meist handelt es sich um gentechnisch hergestelltes FSH. Wichtig ist, dass ein erfahrener Spezialist die Eierstöcke sehr vorsichtig stimuliert. Wird das Zuviel an männlichen Hormonen in der Nebennierenrinde produziert, kann eine niedrig dosierte Cortisongabe helfen.
Besonderheiten: Die genaue Diagnose sollte ein Spezialist stellen.

Zusätzlich zu anderen Ursachen treten bei Frauen mit unerfülltem Kinderwunsch häufig Störungen im Hormonhaushalt der Schilddrüse und erhöhte Prolaktinwerte auf.

Funktionsstörungen der Schilddrüse

Von Funktionsstörungen der Schilddrüse sind relativ viele Frauen betroffen. Häufig handelt es sich um eine Unterfunktion.
Ausgangssituation: Die Störungen treten vor allem regional auf, nämlich in Gebieten mit einer Jodunterversorgung. Das Schilddrüsensteuerhormon (TSH) zu bestimmen ist daher ein fester Bestandteil jeder

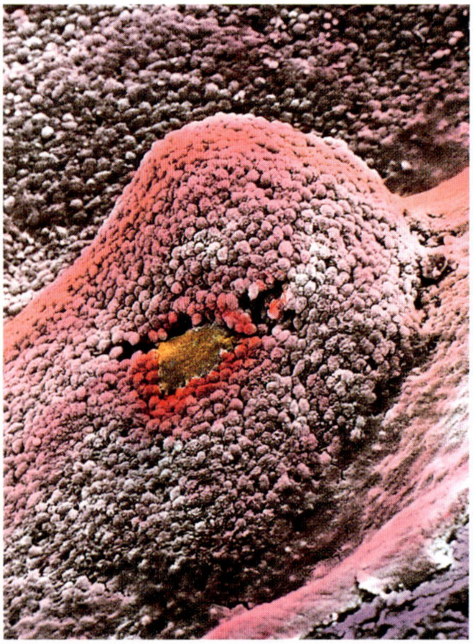

Das sprungreife Eibläschen hier in einer Aufnahme mit dem Rasterelektronenmikroskop. Es zeichnet sich deutlich unter der dichten Granulosazellschicht ab.

Basisuntersuchung bei Kinderwunsch. Schilddrüsenfunktionsstörungen treten häufig gemeinsam mit einem erhöhten Prolaktinwert auf. Beides führt zu Zyklusstörungen.

Behandlungsverlauf: In jedem Fall sollte ein fachkundiger Internist hinzugezogen werden. Nach einer individuell genau angepassten Einnahme von Schilddrüsenhormonen und/oder Jod bessern sich Zyklusstörungen häufig. Eisprünge treten wieder auf.

Besonderheiten: Ein ausgeglichener Schilddrüsenstoffwechsel ist auch später während einer Schwangerschaft wichtig: Er beugt einer frühen Fehlgeburt vor.

Erhöhter Prolaktinwert

Prolaktin spielt bei vielen körperlichen Prozessen eine Rolle: Es ist wichtig für die Funktion des Immunsystems und sorgt in der Stillzeit für die Milchbildung.

Ausgangssituation: Erhöhte Prolaktinwerte im Blut hemmen die Ausschüttung von GnRH (siehe Seite 17) im Zwischenhirn und damit letztendlich die Entwicklung der Eibläschen. Vor allem Stress, Medikamente und starke Temperaturschwankungen können den Prolaktinspiegel erhöhen und damit Zyklusstörungen hervorrufen. Oft lässt sich die Erhöhung nicht erklären. Sehr selten sind Erkrankungen der Hirnanhangsdrüse, so genannte Mikroadenome (gutartige Tumoren) für eine solche Störung verantwortlich. Entsprechende Untersuchungen – etwa das Feststellen der Hormonspiegel, eventuell eine Computertomographie des Gehirns und/oder die Untersuchung durch einen Augenarzt – gehören deshalb zu den Basisuntersuchungen bei unerfülltem Kinderwunsch.

Verschiedene Hormone steuern den weiblichen Zyklus (siehe auch Übersicht auf Seite 72).

Behandlungsverlauf: Stressabbau ist sicher sehr wichtig, um den Prolaktinspiegel zu senken. Oft reicht das allerdings nicht. Mit Hilfe verschiedener, wirkungsvoller Medikamente lässt sich das Zyklusgeschehen normalisieren.

Besonderheiten: Soll der Hormonbehandlung eine Stimulationstherapie (siehe unten) folgen, um einen Mehrfacheisprung auszulösen, gelingt das bei ausgeglichenem Prolaktinhaushalt besser.

Die milde Zyklusstimulation

Selbst wenn das Zusammenspiel zwischen Gehirn und Eierstöcken grundsätzlich funktioniert, kann es nötig sein, den Zyklus durch Hormongaben zu optimieren, etwa weil die Qualität der Eizellen verbessert werden soll.

Behandlungsverlauf: Als milde Stimulationsform haben sich Medikamente mit den Wirkstoffen Clomifen oder Tamoxifen sehr gut bewährt. Entsprechende Mittel sind in Tablettenform erhältlich. Während der Einnahme muss der Arzt den Zyklus mit Ultraschall überwachen. Oft entstehen nämlich zwei bis drei sprungreife Eibläschen.
Besonderheiten: Clomifen bewirkt gelegentlich, dass die Gebärmutterschleimhaut sich nur wenig aufbaut und der Zervixschleim sich verschlechtert. Ein erfahrener Kinderwunschtherapeut kann diesen Effekt jedoch rechtzeitig erkennen und mit alternativen Therapien reagieren. Sollte nach drei Stimulationszyklen mit nachweisbarem Eisprung noch keine Schwangerschaft eingetreten sein, sollten weitere diagnostische Schritte eingeleitet werden. Beispielsweise sollte geprüft werden, ob die Eileiter durchgängig sind.

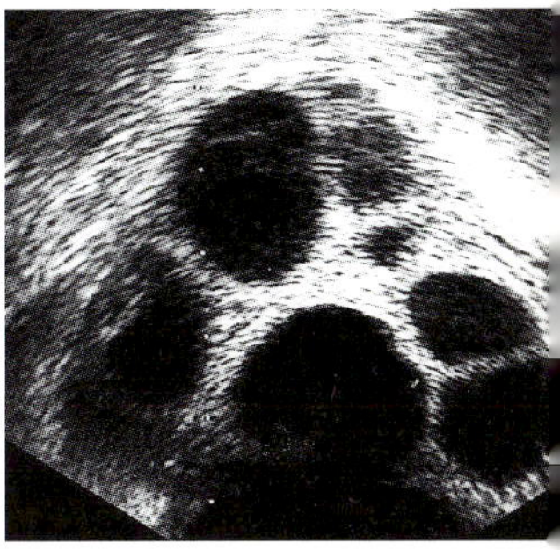

Auf diesem Ultraschallbild ist ein stimulierter Eierstock mit mehreren sprungreifen Eibläschen (schwarz) zu erkennen – so, wie ihn Ihr Arzt sieht.

Zyklusstimulierung mit Hormonspritzen

Eine Behandlung mit Hormonspritzen wirkt direkt auf die Eierstöcke.
Ausgangssituation: Hormonspritzen sind vor allem für Frauen geeignet, deren Eierstocksteuerung gestört ist. Außerdem setzt man Hormonspritzen ein, wenn eine künstliche Befruchtung oder eine Insemination (siehe ab Seite 132) geplant ist. Diese Methoden der modernen Reproduktionsmedizin erfordern nämlich, dass zunächst ein Mehrfacheisprung stattfindet. Sind in einem Zyklus mehrere Eizellen befruchtungsfähig, erhöht sich die Chance auf einen Erfolg.
Behandlungsverlauf: Das Wachstum der Eibläschen wird etwa 10 bis 14 Tage lang mit Medikamenten angeregt (siehe Kasten unten). Dann reifen etwa 5, manchmal sogar mehr als 20 Eizellen heran. Die Anzahl hängt vom Ausgangsbefund und von der Dosierung ab.
Besonderheiten: Nur Spezialisten sollten die Behandlung mit den hochwirksamen Hormonspritzen durchführen. Bei dieser Therapie müssen genaue Einnahmevorschriften beachtet werden, die von Frau zu Frau verschieden sind.

Wenn trotz erfolgreicher Stimulation der Eierstöcke keine Schwangerschaft eintritt, wird untersucht, ob anatomische Ursachen vorliegen.

Tipp

Medikamente, die Eizellen wachsen lassen
Heute werden zur Zyklusstimulierung in erster Linie gentechnologisch hergestellte Medikamente eingesetzt. In der Packungsbeilage finden Sie oft das Wort »rekombinant«. Diese Mittel enthalten das follikelstimulierende Hormon (FSH, siehe ab Seite 17) in unterschiedlicher Dosierung. Es gibt auch Präparate, die aus dem Urin von Frauen in den Wechseljahren gewonnen werden. Diese Mittel sind oft deutlich preiswerter als die gentechnisch erzeugten Präparate.

Sie können sich die gentechnologisch hergestellten Medikamente leicht selbst unter die Haut spritzen. Noch einfacher wird das für Sie mit einem so genannten »Pen«: Das Hantieren mit verschiedenen Ampullen und Spritzen, das Aufziehen der Flüssigkeit und das Entlüften der Spritze entfallen dann. Die Dosierung an der Spritze wird entsprechend der ärztlichen Verordnung mittels eines Einstellrädchens bestimmt.
Besonders vorsichtig dosiert der Arzt die Hormongaben, wenn nur eine Insemination (siehe ab Seite 132) geplant ist. Sollten sich trotzdem mehr als drei sprungreife Eibläschen entwickeln, müssen alle abgesaugt und außerhalb des Körpers befruchtet werden (IVF, siehe ab Seite 134). Sonst besteht die Gefahr einer höhergradigen Mehrlingsschwangerschaft. Meist gelingt es aber, die gewünschte Anzahl an Follikeln zur Reife zu bringen.

Oft bereitet es Probleme, Arztbesuche und Arbeitszeiten miteinander zu vereinbaren. Dabei hilft es schon, wenn die Arzttermine wenigstens einige Zeit vorher feststehen.

Tipp

Mit Terminen jonglieren – Hilfe für Kinderwunschpaare
Bei der Stimulation eines Mehrfacheisprungs, vor allem zur Vorbereitung einer künstlichen Befruchtung, kann man inzwischen mit gutem Erfolg einen Zeitplan festlegen. Dazu muss allerdings – so paradox es klingen mag – ein gegebenenfalls zwei Monate vor dem geplanten Stimulationszyklus eine Antibabypille eingenommen werden. Am letzten Pillentag beginnt die Downregulation (siehe unten), so dass kein neuer Zyklus beginnt. In einem gewissen zeitlichen Abstand kann dann mit der FSH-Stimulation – organisatorisch am besten an einem Mittwoch oder Donnerstag nach der Blutung – begonnen werden. Die Entnahme der Eibläschen oder eine Insemination erfolgt dann meist am übernächsten Montag oder Dienstag, so dass Sie sich diese Tage schon vorab reservieren können.

Schwierigkeiten beim Einsatz von Hormonspritzen

Ein Problem bei der Zyklusstimulation mit FSH oder FSH/LH-Kombinationen ist der vorzeitige Eisprung. Die entsprechenden Bereiche in Hypothalamus und Hypophyse, reagieren bei steigendem Östrogenspiegel so, als ob sich bereits reife Eizellen gebildet hätten: Sie versuchen, den Eisprung auszulösen. Zu diesem Zeitpunkt sind aber die Eizellen in den so angeregten Eierstöcken meist noch unreif. Ein solcher frühzeitiger Eisprung würde also hauptsächlich befruchtungsunfähige, unreife Eizellen freisetzen. Diesem Problem kann man durch eine ausgeklügelte Vorbereitung begegnen: Zunächst wird der körpereigene Zyklus stillgelegt. Dies geschieht im Vorzyklus. Experten sprechen von der »Downregulation«. Dazu wird, beispielsweise mittels eines Nasensprays, das Steuerhormon GnRH (siehe ab Seite 17) in einer Überdosierung zugeführt. Daraufhin kann die Hirnanhangsdrüse kein FSH und LH mehr ausschütten. Der Zyklus kommt zum Stillstand. Das gesamte Verfahren der Stimulation – also die eben beschriebene Downregulation im Vorzyklus und der Prozess der Stimulation selbst – wird als »langes Stimulationsprotokoll« bezeichnet. Neuerdings gibt es auch Medikamente (so genannte GnRH-Antagonisten), die ein Eingreifen in den Vorzyklus überflüssig machen. Sie eignen sich jedoch nicht in jedem Fall.

Auslösen des Eisprungs

Nach der Stimulation wird per Ultraschall das Reifen der Eibläschen überwacht. Erreicht das führende Eibläschen eine Größe von 18 bis 20 Millimetern und steigt der Östrogenspiegel über mindestens sechs Tage ständig an, kann der Eisprung ausgelöst werden. Sie erinnern sich vielleicht: Die Eizelle schleust beim Eisprung einen Teil ihres genetischen Materials in Form des ersten Polkörperchens aus (siehe Seite 20). Um sie jetzt auch dazu zu veranlassen, spritzt der Arzt das so genannte HCG (humanes Chorion Gonadotropin), das ähnlich wie das Hormon LH wirkt. Der optimale Zeitpunkt für eine Insemination oder einen normalen Geschlechtsverkehr ist 24 bis 36 Stunden, nachdem der Eisprung ausgelöst wurde. Ist eine künstliche Befruchtung geplant (siehe ab Seite 132), werden die Eibläschen 34 bis 36 Stunden nach dem Auslösen des Eisprungs abgesaugt.

Unterstützen der Gelbkörperphase

In manchen Fällen ist es günstig, die Gelbkörperphase mit dem Gelbkörperhormon Progesteron zu unterstützen. In Zyklen, bei denen medikamentös der vorzeitige Eisprung verhindert wurde, ist das sogar unbedingt notwendig. Idealerweise führt man eine Gelbkörperphasenunterstützung mit Hilfe von Progesteronkügelchen durch, die entweder in die Scheide eingeführt oder in niedriger Dosierung geschluckt werden. Eventuell wird der Arzt zusätzlich HCG-Spritzen verordnen.

16 Tage nach dem Auslösen des Eisprungs kann ein erster Schwangerschaftstest durchgeführt werden. Bis dahin sollte die Unterstützung des Gelbkörpers beibehalten werden.

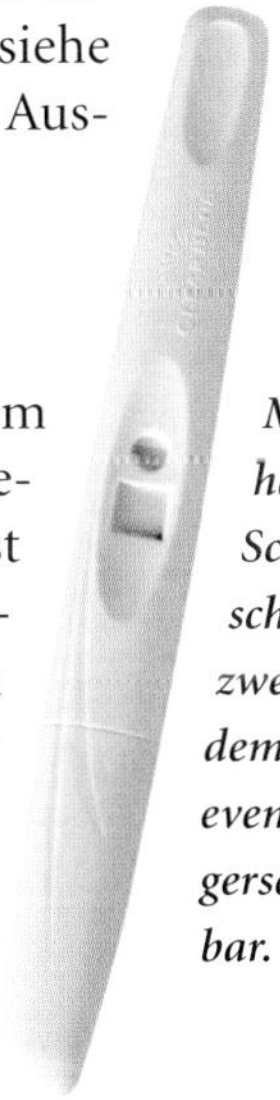

Mit den handelsüblichen Schwangerschaftstests ist zwei Wochen nach dem Eisprung eine eventuelle Schwangerschaft nachweisbar.

Risiken der Hormontherapien

Löst der Arzt durch Hormongaben einen Mehrfacheisprung aus, kann ein so genanntes Überstimulationssyndrom auftreten. Dabei wachsen die Eierstöcke stark an und geben Flüssigkeit in den Bauchraum ab. Es

Nach einer Hormonbehandlung entstehen manchmal Zwillinge, unter Umständen auch Drillinge.

kommt zu starken Unterleibsschmerzen. In seltenen Fällen (zwei bis drei Prozent) wird sogar ein Krankenhausaufenthalt nötig, weil der Flüssigkeitshaushalt des Körpers wieder ausgeglichen werden muss. Bei richtiger Überwachung sind solche Komplikationen sehr selten.

Die Nebenwirkungen und Folgen einer Hormontherapie sind oft nicht so stark, wie viele Frauen befürchten.

Das wichtigste Risiko bei allen Hormontherapien ist eine Mehrlingsschwangerschaft. Ihr Arzt wird mit Ihnen das geeignete Vorgehen besprechen, um das Risiko für eine höhergradige Mehrlingsschwangerschaft so gering wie möglich zu halten. Oft wird auch nach den möglichen Spätfolgen einer Hormontherapie bei unerfülltem Kinderwunsch gefragt. Viele Frauen befürchten, später ein erhöhtes Risiko für bösartige Erkrankungen – etwa an den Eierstöcken – zu haben. Nach dem derzeitigen medizinischen Kenntnisstand ist das nicht der Fall.

Knopfloch- und Mikrochirurgie auf dem Weg zum Wunschkind

Sind Eileiter, Eierstöcke oder das kleine Becken verändert, so dass Eizelle und Samenzelle nicht mehr ungestört zusammenkommen können, kann das oft operativ behoben werden. Es kann aber auch sein, dass eine Methode der Reproduktionsmedizin den Betroffenen zu einem Kind verhilft. Bei der Entscheidung, welches Vorgehen im Einzelfall angebracht ist, spielen nicht nur medizinische Kriterien eine Rolle. Vielmehr ist auch Ihr persönlicher Hintergrund wichtig: »Wie lange habe ich noch Zeit? Was ist mir angenehmer oder unangenehmer: eine Operation oder eine hormonelle Stimulierung? Wie abhängig möchte ich in Zukunft vom Arzt sein?« In diesen Fragen sollten Sie sich sehr ausführlich beraten lassen. Nur dann werden Sie von der schließlich gewählten Behandlung auch wirklich überzeugt sein.

Grundsätzlich lässt sich sagen, dass bei extremen Verwachsungen oder starken entzündlichen Veränderungen von Eileiter und Eierstöcken die künstliche Befruchtung den größten Erfolg verspricht. Bei einfacheren Schäden sind jedoch die operativen Verfahren oft ebenso aussichtsreich. Eine gute Kinderwunschberatung zeichnet sich dadurch aus, dass nicht das Verfahren gewählt wird, das dem Mediziner am besten »liegt« oder das er besonders gut beherrscht, sondern eben genau die Methode, die Ihrer individuellen Situation am besten gerecht wird.

Welche operativen Möglichkeiten gibt es?

Die Entscheidung für die Art der Operation sollte der Arzt gemeinsam mit Ihnen treffen. Ein guter Kinderwunschtherapeut hat auch ein offenes Ohr für Ihre Ängste und Fragen.

Mittlerweile gibt es verschiedene Operationsverfahren. Hierzu zählt zum einen die Mikrochirurgie: Der Chirurg macht einen kleinen Bauchschnitt und operiert mit Hilfe eines Operationsmikroskops (siehe auch Seite 112). Außerdem gibt es die Bauchspiegelung (Laparoskopie/Pelviskopie). Dabei wird ein kleiner Schnitt – etwa 1/2 bis 1 Zentimeter lang – im Bauchnabel gemacht. Außerdem werden ein bis zwei weitere winzige Schnitte im Bereich der Schamhaare gesetzt. Durch jeden wird ein dünnes Rohr in die Bauchhöhle geschoben. Ein Rohr enthält eine Lichtquelle, die den Bauchraum beleuchtet. Eine spezielle Optik ermöglicht dem Operateur, in den Bauchraum zu sehen. Durch die anderen Rohre werden die Instrumente eingeführt.
Es ist wichtig, nicht nur nach der Art des Zugangs – also Bauchspiegelung oder Mikrochirurgie – zu fragen, sondern auch nach den Ergebnissen der einzelnen Methoden. Inzwischen gibt es ausreichend Erfahrungswerte darüber, welche Eingriffe sich bei bestimmten Störungen besonders gut eignen.

Mikrochirurgie

Ausgangssituation: Die Mikrochirurgie wird vor allem eingesetzt, um gebärmutternahe Eileiterveränderungen zu korrigieren. Diese können durch Entzündungen, Verwachsungen (etwa nach einer Blinddarmoperation) oder eine vorangegangene Sterilisation entstanden sein. Auch starke Verwachsungen im Unterbauch sollten (sofern eine künstliche Befruchtung nicht von Anfang an erfolgversprechender scheint) besser per Mikrochirurgie statt durch eine Bauchspiegelung entfernt werden.
Behandlungsverlauf: Mit präzisen, sehr feinen elektrochirurgischen Instrumenten werden vorhandene Gewebeveränderungen korrigiert. Ziel ist es, möglichst die ursprünglichen Verhältnisse wiederherzustellen. Sollte das nicht möglich sein, versucht der Chirurg, glatte Oberflächen zu schaffen. Außerdem ist es wichtig, dass keine Blutgerinnsel im Bauchraum zurückgelassen werden. Andernfalls könnten neue Verklebungen entstehen.

Besonderheiten: Die Ergebnisse der Therapie hängen davon ab, in welchem Zustand das Gewebe vor der Operation ist. Bei optimaler Qualität, zum Beispiel nach einer Sterilisation, können hohe Erfolgsraten erreicht werden. Bis zu 70 Prozent der so behandelten Frauen werden innerhalb weniger Jahre nach der Operation schwanger. Bei entzündlich geschädigtem Gewebe sind die Aussichten dagegen weniger gut.

Bauchspiegelung

Viele Frauen ziehen eine Bauchspiegelung (Laparoskopie) einem mikrochirurgischen Eingriff vor. Zum einen, weil eine Bauchspiegelung mit weniger Schmerzen verbunden ist. Es bleiben hierbei auch nur sehr kleine Narben zurück. Außerdem kann eine Bauchspiegelung oft auch ambulant erfolgen. Dabei sollte man sich aber klar machen, dass nur der Zugang schonender ist als in der Mikrochirurgie. Die Operation selbst kann durchaus sehr umfassend sein, manchmal sogar gesundes Gewebe verletzen. Für eine Bauchspiegelung spricht, dass die heute einsetzbare Technik sehr gute Bilder erzeugt. Das Operationsfeld im Körperinneren kann außerdem am Bildschirm ausgezeichnet vergrößert dargestellt werden. Dadurch sind die Ergebnisse der Operation meist sehr gut. Es gibt verschiedene Krankheitsbilder, bei denen sich die Bauchspiegelung unbestritten bewährt hat. Hierzu zählt das Lösen von Verwachsungen. Auch ein Verschluss am Eileiterende lässt sich mit dieser Methode gut beheben. Nicht nachgewiesen ist dagegen, dass nach einer Bauchspiegelung weniger neue Verwachsungen entstehen als nach einem mikrochirurgischen Eingriff.

Wie erfolgreich ein operativer Eingriff ist, hängt nicht zuletzt auch davon ab, ob starke Verwachsungen oder Entzündungen vorlagen.

Tipp

Entscheiden Sie aktiv mit

Seien Sie bei der Entscheidung über eine Operation sehr kritisch: Sprechen Sie mit Ihrem Arzt ausführlich über Vor- und Nachteile der Ihnen empfohlenen Methode. Fragen Sie den Operateur ruhig, mit welcher Technik er die größeren Erfahrungen hat, beziehungsweise, was er eigenen Angehörigen empfehlen würde.

Endometriose

Auch eine Endometriose kann bei unerfülltem Kinderwunsch eine besondere Bedeutung haben (siehe auch Seite 78). Leichte Endometriosen gibt es sehr häufig, sie stören im Regelfall nicht. Unbedingt behandeln muss man nur Endometriosen III. und IV. Grades. Dabei sollte von

vornherein klar sein, ob man wegen eines Kinderwunsches behandelt.
Die Therapie bei Endometriose besteht aus drei aufeinander folgenden Schritten: Zuerst werden bereits gewachsene Endometrioseherde mit einer Operation entfernt. Danach wird das erneute Wachstum von Endometrioseherden mit Hilfe von Medikamenten verhindert. Es ist wichtig zu wissen, dass die Endometriose zum Wachsen das Hormon Östrogen braucht. Der nahe liegende Schluss ist, dass beim Entzug von Östrogen die Endometriose unterdrückt wird. Das Problem liegt jedoch darin, dass ebendieses Hormon auch zum Schwangerwerden und zum Erhalten einer Schwangerschaft unbedingt nötig ist. So kann eine Therapie der Endometriose immer nur ein Kompromiss sein.
Ein weiterer wichtiger Aspekt ist, dass für Frauen ein Östrogenmangel meist sehr unangenehm ist. Es kommt häufig zu Symptomen wie in den Wechseljahren: Hitzewallungen, Stimmungsbeeinträchtigungen sowie eventuell eine leichte Gewichtszunahme. Alle diese Beschwerden verschwinden am Ende der Endometriosetherapie jedoch wieder vollständig.

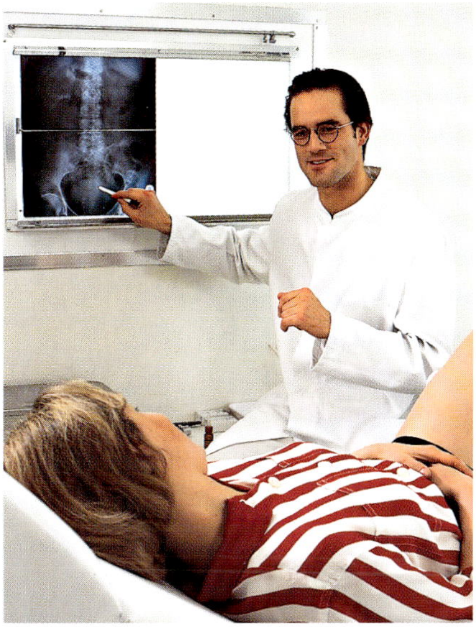

Ihr behandelnder Arzt wird Ihnen ganz genau erklären, warum er bestimmte Methoden und Therapien in der Behandlung einsetzt.

Endometriose hormonell behandeln

Die Standardtherapie der Endometriose bei Kinderwunsch funktioniert nach folgendem Prinzip: Die Überdosierung mit Gonadotropin-Releasing-Hormon führt zu einer Erschöpfung der Hirnanhangsdrüse. Diese schüttet nun keine den Eierstock stimulierenden Hormone mehr aus. Als Folge werden fast keine Östrogene mehr in den Eierstöcken gebildet: ein Zustand wie in den Wechseljahren, die Endometriose trocknet aus. Eine unerwünschte Nebenwirkung ist, dass bei sechsmonatiger Therapie der Knochenmineralgehalt sinkt. Deshalb fügt man manchmal eine sehr geringe Östrogen-Gestagen-Kombination wieder zu (so genannte »add-back-Therapie«).
Bewährt haben sich Medikamente wie GnRH-Analoga oder Danazol. Diese können jedoch ebenfalls unangenehme Nebenwirkungen haben: Es kann zu Akne, starker Körperbehaarung und eventuell zu einer Gewichtszunahme kommen. Danazol sollte deshalb bei Frauen mit zu viel männlichen Hormonen besser nicht eingesetzt werden. Gestagene werden heute bei Endometriose nur noch selten eingesetzt, da sie die Endometrioseherde nur relativ gering zurückbilden. Man kann bei Endometriose und Kinderwunsch besonders gut nach der Erstbehandlung reproduktionsmedizinische Techniken einsetzen. Gut geeignet sind dafür GIFT und IVF (siehe ab Seite 133).

Nach der medikamentösen Therapie sollte der Erfolg kontrolliert werden, etwa durch eine Bauchspiegelung.

Hilfe für betroffene Männer

Die Fruchtbarkeit eines Mannes hängt vor allem von der Qualität seines Spermas ab.

Häufig sind es zuerst die Frauen, die wegen eines unerfüllten Kinderwunsches einen Arzt aufsuchen. Das bedeutet aber natürlich nicht, dass die Ursache unbedingt bei ihnen zu suchen ist. Relativ schnell muss deshalb auch der Mann und dabei natürlich auch Spermaproben von ihm untersucht werden.

Untersuchung des Spermas

Um festzustellen, ob die Spermien des Mannes in der Lage sind, eine Eizelle zu befruchten, müssen mehrere Proben untersucht werden. Die Qualität des Spermas kann stark schwanken. Welche Werte normal sind, können Sie der Tabelle unten entnehmen.

Spermiogramm

	Normales Spermiogramm	Leicht eingeschränktes Spermiogramm	Schlechtes Spermiogramm	Sehr schlechtes Spermiogramm
Anzahl der Spermien in der Samenflüssigkeit	über 20 Mio./ml	15 bis 20 Mio./ml oder	5 bis 15 Mio./ml oder	Weniger als 5 Mio./ml oder
Beweglichkeit der Spermien	Über 50 % sind beweglich	30 bis 50 % sind beweglich oder	10 bis 30 % sind beweglich oder	Weniger als 10 % sind beweglich oder
Aussehen der Spermien	Über 50 % sind normal geformt	30 bis 50 % sind normal geformt	10 bis 30 % sind normal geformt	Weniger als 10 % sind normal geformt
Das sagt der Befund aus	Das Sperma ist fruchtbar	Das Sperma ist nur eingeschränkt fruchtbar. Kontrollen sind nötig	Die Fruchtbarkeit ist stark eingeschränkt. Eine gründliche Untersuchung durch den Andrologen ist zu empfehlen. Eventuell kann noch mit relativ wenig Hilfe eine Schwangerschaft erzielt werden	Das Sperma ist fast unfruchtbar. Ohne medizinische Hilfe sind die Chancen auf ein eigenes Kind sehr schlecht. Eine gründliche Untersuchung durch den Andrologen ist unbedingt nötig

Vor Abgabe einer Spermaprobe sollte eine drei- bis fünftägige Enthaltsamkeit eingehalten werden. Nach den Kriterien der Weltgesundheitsorganisation (WHO) sinken die Chancen auf eine Befruchtung erst, wenn weniger als 20 Millionen Spermien auf einen Milliliter Samenflüssigkeit kommen. Neuere Studien weisen darauf hin, dass mindestens 40 Millionen Spermien pro Milliliter Samenflüssigkeit vorhanden sein sollten. Neben der Spermienanzahl pro Milliliter Samenflüssigkeit muss vor allem die Beweglichkeit der Spermien begutachtet werden: Nur bewegliche Spermien, die rasch vorwärts kommen, haben eine gute Chance, eine Eizelle zu befruchten. Besonderes Augenmerk gilt auch dem Aussehen der Spermien. Nur normal geformte Spermien haben auch eine gute Befruchtungsfähigkeit. Spermien, die auffällig geformt sind, kommen in jedem Spermiogramm vor. Wichtig ist, dass noch ausreichend »normale« Spermien vorhanden sind. Die Spermiogrammbefunde müssen immer im Zusammenhang mit den Verträglichkeitstests (siehe ab Seite 85) ausgewertet werden. Bei diesen Tests wird festgestellt, welche Form die Spermien haben, wie gut sie sich im Gebärmutterhalsschleim bewegen und wie lange sie dort nachweisbar sind.

Als Kriterium zur Begutachtung der Spermien dient oft die »Düsseldorfer Morphologische Klassifikation«. Nach dieser sollte der Anteil völlig normal geformter Spermien in der Samenflüssigkeit eines Mannes über 30 Prozent liegen.

Diagnostik und Behandlung für den Mann
Folgende Untersuchungen können durchgeführt werden
- Anamnese mit ausführlichem Gespräch über die aktuellen Lebensumstände des Mannes
- körperliche Untersuchung des Mannes
- Untersuchung des Spermas (und bestimmter biochemischer Parameter im Sperma)

Diese Behandlungsmöglichkeiten können in Frage kommen
- vorbeugende Maßnahmen
- medikamentöse Therapie (zum Beispiel bei Entzündungen, siehe Seite 128)
- Methoden der artifiziellen Reproduktion (ART), zum Beispiel Mikroinjektion (siehe ab Seite 137)

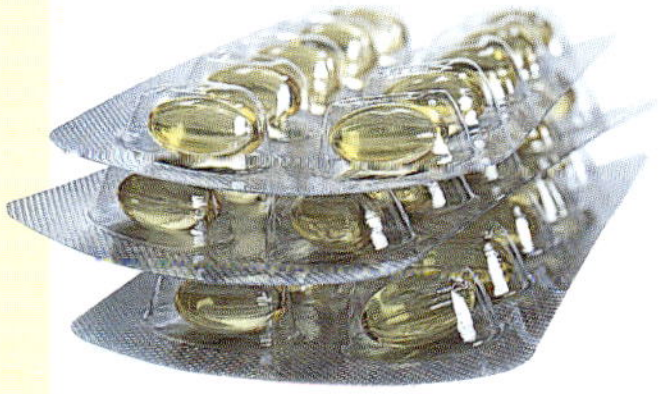

Was können Sie selbst tun?

Die Fruchtbarkeit des Mannes hängt auch mit seiner allgemeinen körperlichen Verfassung zusammen. Je besser Sie als Mann in Form sind, desto besser sind in der Regel auch Ihre Samenergebnisse!
Wichtig ist vor allem eine ausgewogene, vitamin- und ballaststoffreiche Ernährung (Empfehlungen dazu im Literaturverzeichnis, siehe ab Seite 183). Auch beim Mann spielt das Körpergewicht eine Rolle: Sie soll-

Nehmen Sie sich Zeit für sich: Regelmäßige Bewegung und eine gesunde Ernährung tun Ihnen gut – und Ihrem Kinderwunsch.

ten weder zu schwer noch extrem untergewichtig sein. Übermäßiger Alkoholgenuss sowie starkes Rauchen wirken sich nachteilig auf die männliche Fruchtbarkeit aus (siehe auch Seite 84).

Fit und gesund bleiben

Körperliche Fitness trägt zu guten Samenergebnissen bei: Man weiß heute, dass Endorphine – die so genannten »Glückshormone« – immer dann freigesetzt werden, wenn die körperliche Belastung über ein gewisses Maß gesteigert wird. Und ein glücklicher Mann hat ein besseres Spermiogramm. Endorphine werden vor allem bei Ausdauersportarten freigesetzt. Besonders gut eignen sich Wandern, Joggen, Fahrradfahren, Reiten und Tanzen. Wichtig ist dabei, dass ein bestimmtes Belastungsmaß überschritten wird, da erst dann die entsprechenden Hormone ausgeschüttet werden. Andererseits sollen die sportlichen Aktivitäten nicht so weit gehen, dass regelmäßig Erschöpfungszustände auftreten. Denn ständige Überlastung beeinflusst die männliche Fruchtbarkeit wieder negativ.

Mögliche Belastungen am Arbeitsplatz

Schauen Sie sich auch einmal aufmerksam an Ihrem Arbeitsplatz um: Gibt es dort Schadststoffe, denen Sie Tag für Tag ausgesetzt sind? Welche das sein können, lesen Sie auf Seite 84. Auch zu hohe Temperaturen können Ihre Fruchtbarkeit beeinträchtigen. Falls an Ihrem Arbeitsplatz ungünstige gesundheitliche Bedingungen herrschen, kann ein klärendes Gespräch mit dem Arbeitgeber oft weiterhelfen.
Erst wenn diese leicht umzusetzenden Maßnahmen nicht zum Erfolg führen, sollten Sie eine medizinische Therapie erwägen.

Behandlungsmöglichkeiten

Mit medizinischen Mitteln kann man weder auf die Vorläuferzellen der Samenfäden noch auf die zugehörige Ammenzelle (Sertolizelle) direkten Einfluss nehmen.

Ist die Zeugungsfähigkeit eines Mannes gestört, helfen Medikamente nur sehr begrenzt. Wenn etwa die Samenmutterzellen stark vermindert sind, gibt es leider überhaupt keine medizinische Möglichkeit, um einen neuen Vorrat an diesen Zellen aufzubauen. Auch die Teilung der Samenmutterzellen lässt sich nicht beschleunigen. Das sind einmal festgelegte, unveränderbare Prozesse auf der Ebene der Zelle. Ebenso kann kein Arzt eine falsch laufende Zellspezialisierung mehr reparieren, wenn die Schädigung einmal ein gewisses Maß überschritten hat.

So hilft der Androloge

In der Andrologie geht es vor allem um Prophylaxe, also alles, was vorsorglich getan werden kann, um die Zeugungsfähigkeit eines Mannes nicht zu gefährden. Sind bereits Schäden eingetreten, können auch Spezialisten leider oft nur noch wenig Hilfe anbieten (mögliche Maßnahmen siehe nächste Seite).

- Wegen unvermeidlicher Folgeschäden sollte ein Hodenhochstand bei neugeborenen Jungen bis zum Ende des zweiten Lebensjahres behoben werden (siehe auch ab Seite 81).
- Bei Verdacht auf eine Hodenverdrehung (siehe ab Seite 82) suchen Sie bitte umgehend den Arzt auf: Diese Verletzung muss innerhalb von vier Stunden operiert werden.
- Achten Sie beim Sport und im Alltag darauf, dass Sie Verletzungen der Hoden vermeiden (siehe Seite 82). Vor allem wiederholte Verletzungen können irreparable Schäden verursachen.
- Entzündungen im Bereich der Hoden ziehen oft Probleme nach sich (siehe Seite 83). Häufig verlaufen sie ohne Beschwerden, als so genannte »stille« Entzündungen. Diese kann der Androloge nur durch sorgfältige Untersuchungen aufspüren. Dabei können Entzündungszellen im Sperma eine Fährte sein, die zum eigentlichen Entzündungsherd führt. Manchmal bedarf es allerdings fast kriminalistischen Spürsinns, um die Ursache vorhandener Entzündungszeichen zu finden. Es gibt die chronische bakterielle Entzündung der Vorsteherdrüse, die manchmal bereits auf die Nebenhoden übergreift. Zuweilen findet sich aber auch eine chronische abakterielle Entzündung, das heißt eine Entzündung, deren Erreger nicht mehr nachgewiesen werden kann. Entzündungen werden mit verschiedenen Antibiotika behandelt, je nachdem, durch welche Erreger sie ausgelöst wurden. Manchmal muss auch die Partnerin des erkrankten Mannes mitbehandelt werden. Nach dem Abklingen der Entzündung werden oft noch entzündungshemmende Medikamente gegeben. Gegen die so genannten freien Sauerstoffradikale, die die Entzündungen begleiten, können Vitamin E, Vitamin C und Zink eingesetzt werden. Die Substanzen regen die Immunabwehr an.
- Eine Krampfader (Varikozele) muss nicht den Hoden schädigen, selbst wenn sie den Blutfluss stört. Es gibt zwei Verlaufsformen: die aggressive, über wenige Jahre gehende Schädigung und die chronisch-schleichende über mehrere Jahrzehnte. Eine Hodenschädigung kündigt sich an, indem sich die Beschaffenheit des Hodengewebes tastbar verändert und sich die Hoden verkleinern. Dann sollte die Krampfader verödet werden. Oft tritt sie zusammen mit einem anderen Schaden auf, der möglicherweise im Vordergrund steht. Dann ist eine Operation vielleicht nicht sinnvoll.

Wie Sie die beschriebenen Verletzungen oder Erkrankungen erkennen können, lesen Sie ab Seite 80. Gehen Sie bei Verdacht auf eine Hodenverletzung möglichst rasch zum Arzt, da viele dieser Verletzungen die Fruchtbarkeit nachhaltig beeinträchtigen können.

Unterstützende Therapien

- Kallikrein, eine gefäßwirksame Substanz, kann bei leichten Störungen der männlichen Fruchtbarkeit gegeben werden. Liegt dagegen ein nachweisbarer Schaden vor, so ist Kallikrein ohne Wirkung. So gesehen wird dieses teure Medikament heute viel zu oft verordnet. Bei »stummen« Entzündungen bestimmter Drüsen oder bei entzündlichen Hodenschäden kann es den Befund sogar verschlechtern.
- Bei einem mittelschweren Hodenschaden findet man oft formdefekte und normale Spermien nebeneinander im Samen. In diesen Fällen sollte eine Antiöstrogentherapie mit geeigneten Medikamenten erfolgen.
- Bei einer stärkeren Schädigung kann das Antiöstrogen Clomifen eingesetzt werden. Beendet man die Medikation nach sechs Monaten, kann danach ein milder Erholungseffekt auftreten: Die Samenbefunde können sich verbessern. Die erste Spermakontrolle sollte nach drei Monaten, die zweite nach sechs Monaten erfolgen.
- Werden entzündliche Veränderungen im Hodengewebe nachgewiesen oder vermutet, sind entzündungshemmende Mittel für sechs Monate angezeigt. Im weiteren Verlauf können Mittel zur Verbesserung der Durchblutung gegeben werden. Diese wirken auch gegen freie Sauerstoffradikale, ebenso Präparate mit Vitamin E und Vitamin C.
- Bei Schädigung der Samenzellbildung fehlt oft Zink, das die Samenfäden für ihre Beweglichkeit brauchen. Zinkpräparate wirken zusätzlich auch gegen freie Sauerstoffradikale.
- Manchmal kann eine Testosterongabe sinnvoll sein. Das männliche Geschlechtshormon Testosteron beeinflusst die Funktion der Nebenhoden und der Samenbläschen positiv.
- Solche Therapien sind ratsam, wenn sie auf den jeweiligen Patienten und seine Lebensbedingungen abgestimmt sind und nicht nur auf das Ergebnis der Spermauntersuchung. Einem gestörten Spermabefund können viele Ursachen zugrunde liegen (siehe ab Seite 79).
- Wenn gar keine gesunden Spermien vorhanden sind und keine Behandlungsmöglichkeit besteht, gibt es seit einigen Jahren einen neuen Weg der künstlichen Befruchtung: Eine einzelne Samenzelle wird direkt in die Eizelle gespritzt (siehe ab Seite 137). Man sollte jedoch in solchen Fällen rechtzeitig darüber nachdenken, ob die Adoption eine Alternative sein könnte (siehe ab Seite 152).

Bei bestimmten Störungen der männlichen Fruchtbarkeit hilft die Einnahme von Medikamenten. Scheuen Sie sich nicht, Ihren Andrologen nach Vor- und Nachteilen einer solchen Behandlung zu fragen.

Tests und Verfahren für beide Partner

Es gibt auch Paare mit unerfülltem Kinderwunsch, bei denen beide Partner gewisse »Handicaps« mitbringen, was die Fruchtbarkeit angeht. Welche Einschränkungen das sein können, lesen Sie ab Seite 85. Es gibt verschiedene Möglichkeiten, solche Ursachen zu erkennen und zu behandeln.

Verträglichkeitstests: Untersuchung der Samenfäden im Zervixschleim

Verträglichkeitstests gehören zur Basisuntersuchung bei unerfülltem Kinderwunsch. Sie werden eingesetzt, um zu prüfen, ob und wie gut die Samenfäden im Gebärmutterhalsschleim überleben. Bei guten Bedingungen – also einem Zervix-Index von 10 bis 12 (siehe ab Seite 107) – wird der Gebärmutterhalsschleim höchstens 18 Stunden nach dem Verkehr auf Spermien untersucht (siehe ab Seite 85). Dabei wird vor allem Zahl, Beweglichkeit und Form der vorhandenen Spermien bewertet.

Der Zervixschleim im Gebärmutterhals spielt eine wichtige Rolle bei der Befruchtung: Er kann sie ermöglichen und begünstigen, aber auch verhindern (siehe ab Seite 31).

Chromosomenuntersuchung

Für manche Paare sind auch eine Chromosomenuntersuchung und eine humangenetische Beratung angezeigt. Das ist zum Beispiel der Fall, wenn bestimmte Erkrankungen (Erbkrankheiten oder etwa Mon-

Für Sie als Paar ist es wichtig, Ihre Beziehung intensiv zu pflegen. Nehmen Sie sich Zeit, miteinander zu reden, auch über Ihre gemeinsame Kinderwunschtherapie.

golismus) in der Familie aufgetreten sind. Aber auch, wenn die Samenqualität des Ehemannes so schlecht ist, dass eine künstliche Befruchtung mit Mikroinjektion (siehe ab Seite 137) geplant ist, empfiehlt sich eine Chromosomenanalyse. Bei drei bis fünf Prozent dieser Männer finden sich Auffälligkeiten der Chromosomen. Welche das sind und was sie bedeuten, muss der behandelnde Mediziner mit dem betroffenen Paar vor der Durchführung weiterer Maßnahmen unbedingt ausführlich besprechen. Sind gar keine Spermien im Ejakulat nachweisbar, kann eine molekulargenetische Untersuchung auf so genannte Azoospermie-Faktoren (defekte Gene der Samenzellbildung) und auf Mukoviszidose-Genmutationen weiterhelfen. Interessanterweise findet man auch bei den Ehefrauen betroffener Männer häufiger Chromosomenveränderungen als bei anderen Frauen. Und das, obwohl die Partnerinnen dieser Männer keinerlei Symptome für Erkrankungen haben. Ähnliches gilt auch für Paare, bei denen es in vorausgegangenen IVF-Versuchen nicht zu Befruchtungen der Eizellen gekommen ist: Auch bei ihnen treten Chromosomenveränderungen überdurchschnittlich häufig auf. Chromosomenuntersuchungen sind auch bei Frauen angezeigt, die nie von allein ihre Periodenblutung bekommen haben. Eine solche Untersuchung muss unbedingt erfolgen, wenn die FSH-Werte im Blut erhöht sind, Frauen keine Achsel- und Schambehaarung haben oder genitale Fehlbildungen aufgefallen sind.

Präzision ist Trumpf im Kinderwunschlabor: Reagenzgläser, Pipetten und Genauigkeit sind die »Werkzeuge«, mit denen hier gearbeitet wird.

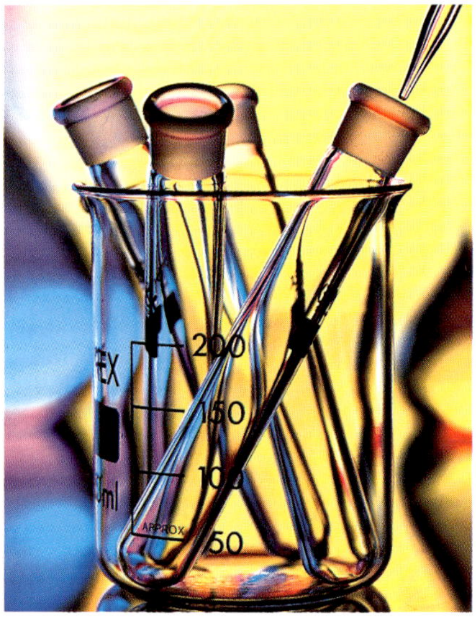

Eine künstliche Befruchtung vorbereiten

Für eine reproduktionsmedizinische Maßnahme können »Wegeprobleme« sprechen: Damit sind Veränderungen am inneren weiblichen Genitale gemeint, die verhindern, dass sich Samenzellen und Eizellen treffen (siehe ab Seite 75). Das können zum Beispiel Gebärmuttererkrankungen oder Eileiterschäden sein. Auch bei schlechter Samenqualität oder wenn es sehr schwierig ist, die Eizellreifung durch Hormongaben anzuregen, bieten sich diese Maßnahmen an. Wie bei einer natürlichen Befruchtung sind auch für eine künstliche Befruchtung männliche und weibliche Geschlechtszellen nötig – außerdem noch die Hilfe durch ein spezielles Labor. Um Samenflüssigkeit zu gewinnen, muss der Mann masturbieren. Bei sehr schlechter Spermaqualität sucht der Arzt operativ direkt im Hoden nach Stellen, an denen die Samenzellbildung noch funktioniert, und entnimmt dort Hodengewebe. Im Labor werden daraus Samenzellen gewonnen.

Samen und Eizellen gewinnen

Nicht jedem Mann behagt die Aussicht, in der fremden Atmosphäre einer Kinderwunschpraxis zu masturbieren. Häufig ist das aber auch gar nicht nötig. Wenn Sie nicht länger als 45 Minuten Fahrzeit bis zur Praxis benötigen, können Sie auch zu Hause den Samen gewinnen und dann mitbringen. Davor sollten Sie drei bis fünf Tage enthaltsam leben.
Mittels ausgeklügelter Hormonbehandlungen (siehe ab Seite 114) ist es heute möglich, befruchtungsfähige Eizellen heranreifen zu lassen. Solche Hormonbehandlungen sind erforderlich, damit mehrere Eizellen für die verschiedenen reproduktionsmedizinischen Maßnahmen zur Verfügung stehen. Gute Eizellqualität ist eine wesentliche Voraussetzung für die erfolgreiche Kinderwunschbehandlung.
Faktoren, die die Eizellqualität (neben der Hormontherapie) hauptsächlich beeinflussen, sind das Alter der Frau und die hormonelle Ausgangssituation: Je jünger die Frau und je ausgeglichener ihr Hormonhaushalt ist, umso besser ist auch die Eizellqualität und damit die Erfolgssaussicht der Behandlung. Generell sind bei Frauen, die jünger als 30 Jahre sind, die Erfolgsquoten sehr hoch, etwa bei 80 Prozent insgesamt. Leider sinkt diese Rate mit steigendem Alter. Ein kritischer Zeitpunkt scheint erreicht, wenn die Frau 35 Jahre alt ist. Von nun an verringert sich die Chance auf ein Kind rapide. Ab einem Alter von ungefähr 40 Jahren liegt die Wahrscheinlichkeit, schwanger zu werden, zwischen 30 und 40 Prozent.

Die Behandlungen sind nicht selten mit Termindruck und Einschränkungen verbunden. Der Gedanke, dass das nur für bestimmte Zeit so sein wird, hilft Ihnen, damit fertig zu werden.

Die Aufbereitung des Spermas

Ist es geglückt, einen Mehrfacheisprung auszulösen, braucht der Reproduktionsbiologe natürlich pünktlich auch die männlichen Geschlechtszellen. Das Sperma muss jedoch zunächst aufbereitet werden. Zum einen werden die Samenzellen stärker konzentriert, zum anderen müssen Veränderungen an den Samenzellen, die normalerweise im Gebärmutterhalsschleim und in der Gebärmutter der Frau stattfinden, eingeleitet werden. Ansonsten wären die Samen nicht befruchtungsfähig. Hierzu gibt es mehrere Verfahren.
Je nach Ausgangsbefund ist nach der Aufbereitung des Spermas die Ausbeute an gut beweglichen und normal geformten Spermien unterschiedlich gut. Diese Samenzellen können dann direkt für eine Inseminationstherapie (siehe ab Seite 132) oder eine künstliche Befruchtung eingesetzt werden.

Finden sich im Ejakulat fast keine Samenzellen, weil entweder der Samenleiter verschlossen ist oder eine schwere Hodengewebsstörung vorliegt, müssen die Samenzellen operativ aus dem Hoden entnommen werden. Das ist mit zwei Verfahren möglich: der testikulären Spermienextraktion (TESE) oder der mikrochirurgischen epidymalen Spermienaspiration (MESA). Diese Methoden kommen nur in Verbindung mit einer künstlichen Befruchtung und der Mikroinjektion eines einzelnen Spermiums in die Eizelle (ICSI, siehe ab Seite 137) in Frage.
Es gibt nun verschiedene Möglichkeiten, die Geschlechtszellen zusammenzubringen.

Inseminationsverfahren

Insemination ist der medizinische Fachbegriff für die Samenübertragung. Bei allen Inseminationsverfahren findet die Befruchtung im Körper der Frau statt.

Kappeninsemination (AIH)

Inseminationsverfahren werden vor allem angewandt, wenn die Spermien des Mannes im Zervixschleim der Frau nur schlecht überleben können oder wenn das Spermiogramm eine eingeschränkte Fruchtbarkeit aufweist (siehe Seite 124).

Ausgangssituation: Diese Form der Insemination, die so genannte Artificial Insemination Husband (AIH), setzen wir vorwiegend zu diagnostischen Zwecken ein, also vor allem, um Unverträglichkeiten auszuschließen. Sie kommt aber auch in Frage, wenn ein normaler Geschlechtsverkehr nicht vollzogen werden kann.
Behandlungsverlauf: Bei der AIH legt der Arzt zum Zeitpunkt des erwarteten Eisprungs eine Plastikkappe an den Muttermund. Sie ähnelt einem Diaphragma. An der Kappe hängt ein Schlauch. Über ihn spritzt der Arzt nun die – in dem Fall unbehandelte – Samenflüssigkeit direkt an den Muttermund. Dort verbleibt sie dann drei bis vier Stunden.

Intrauterine Insemination (IUI)

Ausgangssituation: Die Intrauterine Insemination (IUI) gehört zu den wichtigsten Verfahren in der Kinderwunschbehandlung. Sie ist sehr einfach und kostengünstig durchführbar.
Behandlungsverlauf: Zum Zeitpunkt des Eisprungs (nach vorausgegangener Hormonbehandlung mit bis zu drei sprungreifen Follikeln oder im natürlichen Zyklus) führt der Arzt einen weichen Katheter direkt bis an die Stelle, wo die Eileiter in die Gebärmutter einmünden. Etwa 0,3 Milliliter vom aufbereiteten Spermienkonzentrat des Mannes wird dann direkt in die Gebärmutter und in die Eileiter gespritzt. Die Insemination ist unkompliziert und schmerzlos. Der Arzt kann sie im Rahmen einer normalen gynäkologischen Untersuchung durchführen.

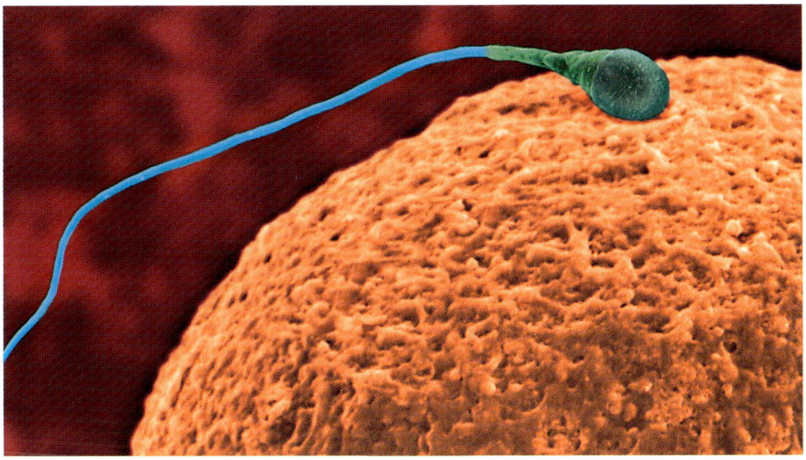

Wenn Eizelle und Spermien auf natürlichem Wege nicht zusammenkommen können, kann die moderne Medizin heute oft helfen.

Besonderheiten: Komplikationen sind bei dieser Behandlung nicht zu erwarten. Sie können wenige Minuten nach der Samenübertragung bereits wieder aufstehen und brauchen keine besonderen Vorkehrungen zu treffen. Die Insemination allein verdoppelt Ihre Aussicht auf eine Schwangerschaft gegenüber einem normalen Geschlechtsverkehr. Je nach Indikationsstellung liegt die Erfolgsaussicht bei diesem Verfahren zwischen 10 und 20 Prozent pro Zyklus.
Die IUI sollte höchstens sechsmal durchgeführt werden. Danach besteht nur noch eine sehr geringe Chance auf eine Schwangerschaft.

Gametentransfer in die Eileiter (GIFT)

Ausgangssituation: Ärzte wenden die GIFT-Methode (nach der englischen Bezeichnung Gamete Intrafallopian Transfer) bei Paaren an, bei denen sie bisher keine Ursache für die Kinderlosigkeit finden.
Behandlungsverlauf: Beim Gametentransfer werden nach hormoneller Stimulation des Zyklus die Eibläschen während einer Bauchspiegelung abgesaugt und unter dem Mikroskop auf ihre Qualität hin untersucht. Anschließend gibt der Arzt dann umgehend maximal drei Eizellen zusammen mit der zuvor aufbereiteten, konzentrierten Samenflüssigkeit direkt in die Eileiter zurück.
Besonderheiten: Die Erfolgsrate dieser Methode liegt bei etwa 25 Prozent. Inzwischen hat sich aber mehr und mehr die Befruchtung außerhalb des Körpers (IVF, siehe ab Seite 134) durchgesetzt. Damit hat der Gametentransfer an Bedeutung verloren. Er wird heute in der Regel nur in den Fällen angewandt, in denen ein ultraschallgesteuertes Absaugen der Eibläschen nicht durchführbar ist. Außerdem kann die GIFT-Methode eingesetzt werden, wenn ethische Bedenken des Kinderwunschpaares gegen eine IVF sprechen.

Als Gameten bezeichnet man die männlichen und weiblichen Geschlechtszellen. Eine Übersicht der im Buch verwandten Fachbegriffe bietet das Glossar ab Seite 174.

Künstliche Befruchtung: die In-vitro-Fertilisation (IVF)

Im Jahre 1976 beschrieb Robert Edwards in Cambridge die erste Schwangerschaft nach einer Befruchtung außerhalb des Körpers: Die erste gelungene »Reagenzglasbefruchtung«, wissenschaftlich In-vitro-Fertilisation (IVF) genannt, läutete ein neues Zeitalter der Kinderwunschbehandlung ein. Zwei Jahre später wurde erstmals von der Geburt eines Kindes nach einer IVF berichtet. Man schätzt, dass heute weltweit schon mehr als 200 000 Kinder nach einer künstlichen Befruchtung geboren wurden.

Ausgangssituation: Die künstliche Befruchtung setzen Ärzte heute vor allem bei Eileiterschäden, bei Endometriose (siehe Seite 78), Verträglichkeitsstörungen, fehlendem Eisprung oder einem schlechten Spermiogramm ein. Auch bei ungewollter Kinderlosigkeit mit unerklärbaren Ursachen kann – oft nach vielen erfolglosen Inseminationsversuchen – eine künstliche Befruchtung weiterhelfen. Bei etwa 25 bis 30 Prozent aller künstlichen Befruchtungen kommt es zu einer Schwangerschaft. Etwa 20 bis 25 Prozent der künstlichen Befruchtungen enden erfolgreich mit der Geburt eines Kindes.

Die »Befruchtung im Reagenzglas« kann zum Wunschkind verhelfen, wenn mehrere andere Verfahren erfolglos blieben.

So wird eine In-vitro-Fertilisation vorbereitet

Die IVF hat heute eine große Bedeutung in der Kinderwunschtherapie. Wir möchten Ihnen deshalb die einzelnen Schritte der künstlichen Befruchtung an dieser Stelle ausführlicher darstellen. Zwar ist eine IVF-Behandlung inzwischen eine »Routinebehandlung« in einer Kinderwunschpraxis. Es handelt sich aber dennoch um eine sehr komplizierte Methode, die einen recht hohen logistischen Aufwand erfordert. In unserer Klinik lösen wir den Mehrfacheisprung nach einer Stimulation im so genannten »langen Protokoll« (siehe ab Seite 118) aus. Oft nehmen die Frauen in dem Zyklus vor einer geplanten IVF eine Antibabypille ein. So lässt sich die Woche der Eizellentnahme und des späteren Embryotransfers relativ verlässlich vorhersagen. In der Vorbereitungsphase sind etwa drei bis vier Arztbesuche nötig. Wurde der Eisprung ausgelöst (meist Samstag- oder Sonntagabend), wird dann am darauf folgenden Montag oder Dienstag die so genannte Follikelpunktion, also das Absaugen der Eibläschen, durchgeführt.

Die Eizellen werden entnommen

Die Punktionsnadel wird durch die Scheidenwand hoch in die Bauchhöhle geführt. Mit Hilfe des vaginalen Ultraschalls ist es möglich, die einzelnen Eibläschen vorsichtig anzustechen. Anschließend wird die

Die In-vitro-Fertilisation ist Feinstarbeit: Hier wird nach den optimalen Eizellen für die Befruchtung gesucht.

Follikelflüssigkeit abgesaugt. Dabei werden auch die in den Granulosazellen liegenden Eizellen mitgerissen und in einem Reagenzglas aufgefangen. Unter dem Mikroskop wird im IVF-Labor in der Follikelflüssigkeit nach den von ihren Granulosazellen umgebenen Eizellen gesucht. Anschließend werden die Eizellen sofort in eine spezielle Nährlösung gegeben und in einen Brutschrank (Inkubator) gelegt, wo sie vor Milieuveränderungen – vor allem vor Temperaturschwankungen – geschützt sind.

Bei einer Follikelpunktion kommt es relativ selten zu Komplikationen. Eine Vollnarkose ist heute oft nicht nötig, der Arzt gibt lediglich ein Schmerzmittel. Der Eingriff dauert meist nicht länger als eine Viertelstunde. Danach können die Patientinnen auch wieder essen und trinken und dürfen kurze Zeit später wieder nach Hause gehen.

»Begegnung« im Reagenzglas: Samen- und Eizellen treffen aufeinander

Inzwischen beginnt im IVF-Labor die Hauptarbeit. Die Eizellen verbleiben zunächst zwei bis drei Stunden im Brutschrank. Dann kommen sie in eine neue Kulturschale und werden mit dem aufbereiteten Samen des Partners bedeckt. Dabei sollten pro Eizelle etwa 100 000 bis 200 000 gut bewegliche Samenzellen im Reagenzglas sein. Sie werden nun bis zum nächsten Morgen im Inkubator kultiviert. Nach 18 Stunden sind meist 60 Prozent der Eizellen befruchtet.

Bis zur Befruchtung bleiben die Eizellen in einer besonderen Nährlösung. Diese bezeichnet man als »Kulturmedium«.

Befruchtete Eizellen enthalten zwei Polkörperchen sowie einen männlichen und einen weiblichen Vorkern (siehe Seite 24). Aus der Anordnung der beiden Vorkerne und der Unterkerne (Nucleoli) kann man Rückschlüsse auf die Qualität der befruchteten Eizellen ziehen, die nun Zygoten genannt werden.

Und so geht es weiter

Nach Begutachtung dürfen maximal drei befruchtete Eizellen in neuen Kulturmedien (speziellen Nährlösungen) bis zum Embryonalstadium weiter kultiviert werden. So schreiben es die derzeitigen Bestimmungen des deutschen Embryonenschutzgesetzes vor. In den nächsten Stunden verschmelzen männlicher und weiblicher Vorkern miteinander, und es kommt zur ersten Zellteilung.

Nach der künstlichen Befruchtung sollte sich die Frau einen Tag lang bewusst schonen. Ihrem Körper wird die Ruhe gut tun.

Zwei bis drei Tage nach der Follikelpunktion erfolgt die Rückführung der Embryonen. Diese haben inzwischen das Vier- bis Acht-Zell-Stadium erreicht. Wie bei einer normalen gynäkologischen Untersuchung bestimmt der Arzt zunächst die Lage der Gebärmutter und das Aussehen der Gebärmutterschleimhaut. Dann spült er mit einem speziellen Embryotransferkatheter die Embryonen in die Gebärmutter hinein. Dieser Vorgang muss sehr vorsichtig und mit viel Fingerspitzengefühl durchgeführt werden, weil er sehr stark den Ausgang einer IVF-Behandlung mitentscheidet. Nach dem Embryotransfer bleibt die Patientin noch etwa 30 Minuten liegen und kann anschließend nach Hause fahren. An diesem Tag sollte die Frau sich absolute Ruhe gönnen und sich am besten ein bisschen von ihrem Mann verwöhnen lassen.

Hat es geklappt? Warten, Hoffen und manchmal auch Enttäuschung gehören oft mit zur Kinderwunschbehandlung.

Das Warten beginnt ...

Nun beginnt die für viele Paare anstrengendste Zeit der IVF-Behandlung: das Warten auf das Ergebnis. In den ersten drei bis vier Tagen nach dem Embryotransfer verbleiben die Embryonen noch in einem Flüssigkeitsfilm in der Gebärmutterhöhle. Sie werden jedoch offenbar hin und her bewegt. Anders lässt sich nicht erklären, dass es auch nach einer IVF zu Eileiterschwangerschaften kommen kann. Am sechsten Tag nach der Befruchtung, also drei bis vier Tage nach dem Transfer, schlüpfen die Embryonen aus ihrer Hülle. Die Einnistung in der Gebärmutterschleimhaut beginnt.

Am 13. Tag nach dem Embryotransfer kann man erstmals einen verlässlichen Schwangerschaftstest durchführen. Am besten durch eine Blutprobe, da die Höhe des Schwangerschaftshormons β-HCG eine Aussage zur Prognose dieser sehr frühen Schwangerschaft zulässt. Man kann jetzt in etwa einschätzen, wie hoch das Risiko eines Abgangs (siehe ab Seite 94) ist und ob sich möglicherweise Zwillinge oder Drillinge entwickeln. Wenn ein IVF-Versuch fehlgeschlagen ist, sollten Sie vor einem weiteren Versuch mindestens einen Monat warten. Am besten nehmen Sie in dieser Zeit eine Antibabypille.

Tipp

Eine Reserve für spätere IVF-Versuche
Wurden bei einer IVF-Behandlung mehr als drei Eizellen befruchtet, bieten wir den Paaren an, diese tiefzugefrieren (siehe Seite 140). Sollte ein IVF-Versuch fehlschlagen, oder wünscht sich das Paar nach erfolgreicher Schwangerschaft ein weiteres Kind, muss nicht die ganze Stimulations- und Punktionsprozedur wiederholt werden – die befruchteten Eizellen müssen lediglich wieder aufgetaut werden. Dann können sie in einem speziell vorbereiteten Zyklus wieder in die Gebärmutter zurückgegeben werden.

Die Mikroinjektion einer einzelnen Samenzelle in die Eizelle (ICSI)

Eine weitere Entwicklung revolutionierte 1992 die Kinderwunschbehandlung. Bis dato waren Behandlungsversuche meist vergeblich, wenn die männliche Fruchtbarkeit stark eingeschränkt war, weil das Spermiogramm des Mannes sehr schlecht war. Dies ist der Fall, wenn eines der folgenden Kriterien zutrifft:

- Das Sperma enthält weniger als fünf Millionen Samenzellen pro Milliliter Flüssigkeit,
- weniger als zehn Prozent der Samenzellen sind beweglich oder
- weniger als zehn Prozent der Spermien sind normal geformt.

Paare mit dieser Ausgangslage hatten bis zur Entdeckung dieser Methode praktisch keine Chance auf ein eigenes Kind. Doch dann glückte durch einen Zufall, was niemand für möglich gehalten hatte: Eine menschliche Eizelle befruchtete sich, nachdem ihr zunächst versehentlich ein Spermium eingespritzt wurde.

Die Reproduktionsmedizin kann inzwischen auch Paaren helfen, die noch vor einigen Jahren kinderlos geblieben wären.

Vom glücklichen Zufall zum Standardverfahren

Das Einspritzen eines Spermiums direkt in die Eizelle mittels einer sehr feinen Glasnadel wurde als intrazytoplasmatische Spermieninjektion (auch Mikroinjektion, ICSI) berühmt.

Die Methode verbreitete sich rasch weltweit. Heute gehört die Mikroinjektion in fast allen Kinderwunschzentren zu den Routineverfahren. Sie wird nicht nur bei stark eingeschränktem Spermiogramm, sondern auch bei Eizellreifungsstörungen angewendet. Glückt eine einfache IVF (siehe ab Seite 134) nicht, weil Befruchtungen ausbleiben, greifen Mediziner heute auf die ICSI zurück. Inzwischen sind durchschnittlich 40 bis 50 Prozent aller IVF-Behandlungen künstliche Befruchtungen mit einer Mikroinjektion.

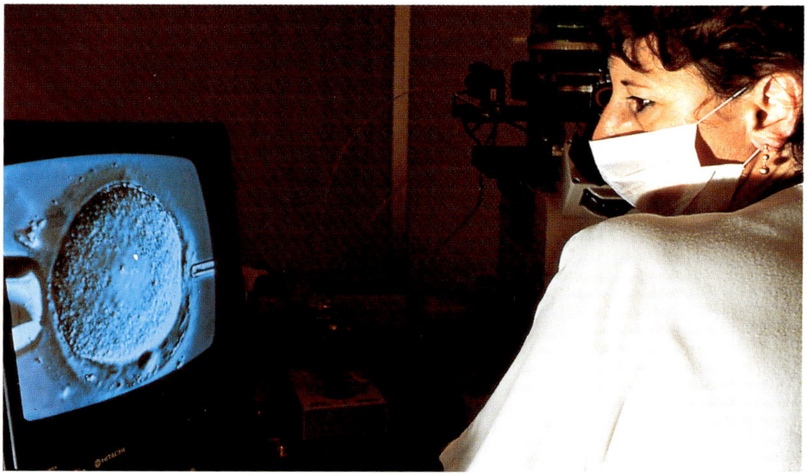

Die Mikroinjektion wird vor allem dann eingesetzt, wenn die Spermien schlechte Chancen haben, ohne Hilfe in die Eizelle einzudringen.

So wird eine ICSI durchgeführt

Im Unterschied zur konventionellen IVF müssen die Eizellen von den sie umgebenden Granulosazellen befreit werden. Anschließend kommen sie für zwei bis drei Stunden in den Brutkasten (Inkubator). In der Zwischenzeit wird das Sperma aufbereitet.

Die eigentliche Mikroinjektion erfolgt in einer Kulturschale unter einem speziellen Mikroskop. Dazu werden die Eizellen mit einem feinen Glasrohr angesaugt und festgehalten.

Nun beginnt die »Jagd« nach den Spermien. Natürlich versucht man, das schönste und »gesündeste« zu finden. Da die Spermien sehr schnell schwimmen, müssen sie in einer zähflüssigen Lösung abgebremst werden. Mit einer extrem dünnen und scharfen Glasnadel (Außendurchmesser 7/1000 Millimeter) wird der Schwanz des ausgewählten Spermiums angebrochen, damit es sich später in der Eizelle nicht bewegt. Dann wird das Spermium in die Glasnadel eingesaugt. Nun erfolgt mit Hilfe von Präzisionselektromotoren, die über Joysticks gesteuert werden, das Einspritzen des Spermiums direkt in die Eizelle.

Anschließend werden die Eizellen bis zum nächsten Morgen kultiviert und dann auf Zeichen einer Befruchtung hin untersucht. Das weitere Vorgehen ist genau wie bei einer einfachen künstlichen Befruchtung (siehe ab Seite 136).

Mit der modernen Technik kann heute vielen Menschen geholfen werden. Dadurch wird die persönliche Verantwortung auch größer: Jeder sollte selbst abwägen, welche Chancen er nutzt – und welche Risiken er eingeht.

Pro und kontra Mikroinjektion

Anfangs bestanden Bedenken, ob die nach einer Mikroinjektion gezeugten Kinder ein erhöhtes Risiko haben, mit Fehlbildungen zur Welt zu kommen. Eindeutige Hinweise darauf gibt es aber bisher nicht. Mittlerweile sind weltweit einige tausend Kinder mit Hilfe von ICSI gebo-

ren worden. Es zeigte sich, dass das Risiko für schwerere Missbildungen bei etwa zwei Prozent liegt – und damit nicht höher als bei einer natürlichen Empfängnis. Ob allerdings die Söhne von unfruchtbaren Männern später einmal ein ähnliches Problem haben werden wie momentan ihre Väter, kann man heute noch nicht sagen.
In besonderen Fällen wird der Arzt mit Ihnen mögliche individuelle Risiken für Erbkrankheiten eines Kindes besprechen.

Laserassistiertes Schlüpfen

Manchmal bleiben IVF-Zyklen trotz günstiger Bedingungen, gut aussehender Embryonen und technisch einwandfreier Durchführung erfolglos. Die Gründe dafür sind vielfach noch unbekannt. Aber mit einer neuen Technik kann einigen betroffenen Paaren geholfen werden. Dieses Verfahren nennt man Laserassistiertes Schlüpfen oder auch »assisted hatching«. Unsere eigenen ersten Ergebnisse bei diesem Verfahren zeigen für bestimmte Patientengruppen einen 50-prozentigen Anstieg der Schwangerschaftsrate.

Mit Hilfe eines Lasers wird die Eizellhülle etwas »angeritzt«, damit der Embryo sie leichter verlassen kann.

Ausgangssituation: Wissenschaftliche Untersuchungen legen nahe, dass in einigen dieser Fälle die Embryonen einfach nicht schlüpfen. Normalerweise verlassen menschliche Embryonen am sechsten Tag nach der Befruchtung ihre Hülle. Die Kulturbedingungen können die Embryohülle jedoch verhärten, so dass ein Schlüpfen unmöglich wird. In manchen Fällen ist die Embryohülle auch auffallend dick oder besonders dicht.

Nach drei Tagen ist aus der befruchteten Eizelle bereits ein achtzelliger Embryo geworden. Auch bei der weiteren Entwicklung kann die Medizin helfen, zum Beispiel mit dem »assisted hatching«.

Behandlungsverlauf: Mittels eines speziell abgestimmten Lasersystems im Mikroskop gelingt es nun, in die Embryohülle kleine Kerben zu schneiden. An diesen »Sollbruchstellen« kann der Embryo später seine Hülle verlassen und sich einnisten.

Tiefgefrierung im Vorkernstadium

Auch das Tiefgefrieren befruchteter Eizellen (so genannter Vorkernstadien) gehört heute zu den Routinemethoden der High-Tech-Medizin.

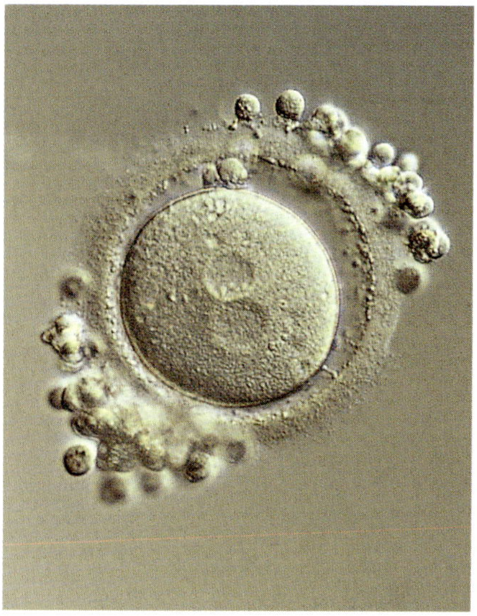

Im so genannten Vorkernstadium können die befruchteten Eizellen tiefgefroren werden. Auf dem Foto sind Granulosazellen, Eizellhülle und die beiden Vorkerne gut sichtbar.

Ausgangssituation: Während Spermien aufgrund ihres geringen Wassergehaltes relativ einfach eingefroren werden können, ist dies bei befruchteten Eizellen ein komplizierter Vorgang. Unbefruchtete Eizellen können nur sehr schlecht tiefgefroren werden.
Behandlungsverlauf: Befruchteten Eizellen wird zuächst das Wasser entzogen. In einer speziellen Gefrierflüssigkeit werden sie dann anderthalb Stunden lang auf minus 196 °C abgekühlt und in flüssigem Stickstoff eingefroren. Bei dieser extrem niedrigen Temperatur kommen alle biologischen Vorgänge zum Stillstand.
Besonderheiten: In flüssigem Stickstoff können befruchtete Eizellen und auch Spermien über Jahre unverändert aufbewahrt bleiben. Nach dem Wiederauftauen können sie in einem natürlichen oder leicht stimulierten Zyklus zurückgegeben werden. Die Schwangerschaftsraten liegen zwischen 20 und 25 Prozent.

Ein Ausblick in die Zukunft

Das Gebiet der Reproduktionsmedizin entwickelt sich stürmisch weiter. Für Kinderwunschtherapeuten und Geburtsmediziner ist dabei vor allem die Präimplantationsdiagnostik interessant, also die molekulargenetische Untersuchung einzelner Embryozellen auf genetische Erkrankungen. Diese Methode wird in der Zukunft sicher einigen Paaren mit einem hohen Risiko für einzelne, übertragbare genetische Erkrankungen zu gesunden Kindern verhelfen. Das ist aber mit dem Aussortieren und Vernichten von Embryonen verbunden. Die Diskussion darüber ist in der Gesellschaft heute im Gange.

Neues in der künstlichen Befruchtung

Entwicklungschancen gibt es auch bei der künstlichen Befruchtung: Es könnte medizinisch und gesetzlich möglich werden, menschliche Em-

bryonen bis zum fünften oder sechsten Tag im Inkubator zu kultivieren. Die Embryonen haben dann das Blastozystenstadium erreicht. Sie können dann zu einem Zeitpunkt in die Gebärmutter zurückgegeben werden, an dem sie auch normalerweise dort ankommen. Wird nur eine Blastozyste zurückgegeben, umgeht man das Mehrlingsrisiko. Dabei besteht fast die gleiche Chance auf eine Schwangerschaft wie bei der heute üblichen IVF.
Wissenschaftler suchen auch auf anderen Gebieten nach immer neuen Wegen: Weltweit arbeiten Forscher weiterhin an der Langzeitkultur unreifer Eizellen. Auch das Einfrieren ganzer Blöcke von Eierstocksgewebe könnte in naher Zukunft möglich sein. Damit ließe sich die Fruchtbarkeit von Frauen bei verschiedensten Erkrankungen erhalten.

Klonen und Gentechnik in der Reproduktionsmedizin

Fast täglich können Sie in der Presse über Fortschritte der Reproduktionsmedizin lesen: Klonen und Stammzellforschung sollen die Medizin revolutionieren. Klonen bedeutet, genetisch identische Lebewesen zu erzeugen. Bereits seit Jahren lassen sich embryonale Zellen im Reagenzglas so vervielfachen, dass sich aus ihnen mehrere genetisch völlig identische Säugetiere entwickeln.
Im Jahre 1997 gelang es erstmals, einen Klon aus den Zellen eines erwachsenen Tieres zu schaffen: das berühmte Schaf Dolly. Inzwischen gelang das Klonen auch bei anderen Säugetieren.

Moderne Techniken: Segen oder Fluch?

Ziel von Klonierungsexperimenten ist es, Techniken zu etablieren, mit denen sich in der Zukunft gezielt Gewebe (zum Beispiel für den Organersatz) nachzüchten lässt. In diesem Zusammenhang spielen die so genannten Stammzellen eine sehr große Rolle.
Als Stammzellen bezeichnet man die Zellen, die sich noch nicht endgültig spezialisiert haben. Durch bestimmte Kultivierungstechniken können sie angeregt werden, sich zu teilen und sich zu einem speziellen Gewebe zu entwickeln. Stammzellen können entweder aus dem Nabelschnurblut neugeborener Kinder, von Embryonen – im Rahmen einer künstlichen Befruchtung – oder auch aus dem Gewebe von Fehlgeburten gewonnen werden.
In der klinischen Anwendung ist bisher nur das Tiefgefrieren von Blutstammzellen aus dem Nabelschnurblut etabliert. Sollte später unglücklicherweise eine bösartige Bluterkrankung auftreten oder eine Chemotherapie notwendig werden, stünden dem Betroffenen dank dieser technischen Möglichkeiten dann Blutersatzzellen zur Verfügung.

Wie überall können auch in der Fortpflanzungsmedizin technische Möglichkeiten so eingesetzt werden, dass sie Hilfe bringen – oder missbraucht werden können.

Gen-Experimente – immer auch eine Gewissensfrage
Welche Behandlungsmöglichkeiten Klonen und Stammzellforschung für die Zukunft eröffnen, lässt sich bisher nur erahnen. Mit den neuen Techniken stellt sich aber in jedem Fall auch die Frage nach dem Selbstverständnis des Menschen. Hier sind wir alle gefordert, an der Diskussion über den Einsatz dieser grenzüberschreitenden Möglichkeiten teilzunehmen. Die Aufgabe der Wissenschaft ist es dabei, ihre Erkenntnisse allgemein verständlich öffentlich zu machen.

Ein kurzer Einblick in Gesetze und Richtlinien

Viele Paare mit unerfülltem Kinderwunsch stellen sich früher oder später die Frage: Welche Möglichkeiten, ein eigenes Kind zu bekommen, gibt es in unserem individuellen Fall – was wird von den Krankenkassen bezahlt, welche rechtlichen Grundlagen gelten? Antworten auf einige dieser Fragen finden Sie ab Seite 166 und unter geeigneten Internet-Adressen (siehe Anhang Seite 187).

Gesetzliche Grundlagen

Der Wunsch nach einer Familie ist so wichtig, dass er auch im Gesetzbuch berücksichtigt wird. Nähere Informationen zur aktuellen Rechtslage in Ihrem Land können Sie bei geeigneten Ansprechpartnern bekommen (Adressen ab Seite 180).

Jedes Paar hat ein Menschenrecht auf die Gründung einer Familie. Besteht ein Defekt, der die Realisierung dieses Rechts erschwert oder unmöglich macht, so ist das – nach der Definition der WHO für Gesundheit – als eine Erkrankung aufzufassen. Damit ist die Sterilitätsbehandlung eine Heilbehandlung. Andererseits wird den Menschen auf dem Gebiet Fortpflanzung, Sexualität, Geschlechterbeziehung eine besonders zu schützende Autonomie zugesprochen. Deshalb ist es nötig, dass in einer so wichtigen Frage die fachliche Beratung besonders gut sein muss. Es muss auf die Vor- und Nachteile bestimmter Methoden ausführlich eingegangen werden. Alternativen müssen dargestellt werden. Nur auf dieser Grundlage sind medizinische Maßnahmen erlaubt. Aus diesem Grunde sind auf dem Gebiet der Reproduktionsmedizin eine ganze Anzahl von Gesetzen und Richtlinien zu beachten.
So wurde am 13. Dezember 1990 im Bundesgesetzblatt das Embryonenschutzgesetz veröffentlicht. Es regelt verschiedene reproduktionsmedizinische Maßnahmen: Es verbietet Leihmutterschaft, Eizellspende, Erzeugung von Embryonen zu anderen Zwecken als zur Herbeiführung einer Schwangerschaft (also etwa zu Forschungszwecken), den Embryonenhandel, das Klonen, die Veränderung menschlicher

Keimbahnzellen, die Geschlechtswahl der Spermien und andere Maßnahmen mit menschlichen Embryonen. Und es legt fest, dass bei Verfahren wie IVF und GIFT (siehe ab Seite 133) jeweils maximal drei Embryonen beziehungsweise Eizellen übertragen werden dürfen.

Rund um die künstliche Befruchtung

Die Richtlinien zur Durchführung der assistierten Reproduktion gehören zum Berufsrecht für Ärzte und sind somit verbindlich. Da die Medizin in diesem Bereich sich jedoch ständig weiterentwickelt, sollten Sie sich als Kinderwunschpaar am besten von einem Arzt Ihres Vertrauens über die Aspekte informieren lassen, die für Sie von Bedeutung sind. So ist die Anwendung verschiedener Maßnahmen wie IVF und ICSI geregelt. Auch die personelle und fachliche Besetzung eines reproduktionsmedizinischen Teams wird – teilweise in den verschiedenen Ländern und Bundesländern unterschiedlich – geregelt. Wichtig für Sie könnte sein, dass auch um die Behandlung dauerhafter Partnerschaften ohne Ehe immer wieder diskutiert wird. Bisher gibt es die Richtlinie, dass nur Ehepaare Anspruch auf eine künstliche Befruchtung (IVF) und Inseminationen mit hormoneller Überstimulation haben. Außerdem bestehen gewisse Altersbegrenzungen (siehe ab Seite 166). Ausnahmen sind durch die Ethikkommissionen der Ärztekammern zu entscheiden. Wichtig sind die exakte Dokumentation des Beratungsgespräches und die Aufnahme der Therapie in den Akten.

Bei allen rechtlichen Fragen rund um die künstliche Befruchtung ist die Beratung durch Ihren behandelnden Arzt wichtig.

Krankenkassen und rechtliche Situation

Auch über die kassenrechtlichen Grundlagen für die Durchführung und Finanzierung von Maßnahmen der künstlichen Befruchtung wird Sie Ihr Kinderwunschtherapeut gern informieren und beraten. Wichtig für Sie ist, dass nach aktueller Rechtslage allen Behandlungen der Kinderwunschtherapie eine Beratung vorausgeht und diese im Regelfall nicht vom behandelnden Arzt selbst vorgenommen werden darf. Welche Maßnahmen von den Krankenkassen ganz oder teilweise bezahlt werden und welche nicht, ändert sich immer wieder – und ist auch von Land zu Land verschieden. Einige grundsätzliche Hinweise zur aktuellen Situation in Deutschland finden Sie im Anhang ab Seite 166.

In rechtlicher Hinsicht gibt es länderspezifische Unterschiede, so dass es ratsam ist, sich zuerst bei den entsprechenden Länder-Ärztekammern zu erkundigen.

! Bitte beachten Sie

Fragen Sie unbedingt vor einer geplanten Therapie Ihren Arzt nach den Kosten, die möglicherweise auf Sie zukommen – diese können oft erheblich sein! Ihr Arzt kann Sie ausführlich über die aktuelle rechtliche Situation informieren.

Moderne Therapien in der Kinderwunschbehandlung

Therapie, Verfahren	Bei welchen Ursachen angewandt?	Durchführung
Hormontherapie	Bei fehlendem Eisprung wegen Störung im Zwischenhirn	a) Mittels Pumpe b) Durch Hormonspritzen
Hormontherapie	Bei Störung der Eizellreifung durch zu viel männliche Hormone	Hormonspritzen (FSH) unter die Haut (eventuell von der Patientin selbst gespritzt)
Hormontherapie	a) Bei Funktionsstörungen der Schilddrüse b) Bei erhöhtem Prolaktinwert	a) Behandlung der zugrunde liegenden Erkrankung b) Behandlung mit Prolaktinhemmer
Zyklusstimulation zum Auslösen des Eisprungs (Hormontherapie)	Zum Auslösen eines Mehrfacheisprungs vor Insemination, IVF oder bei anderen Problemen (z. B. bei einseitigem Eileiterverschluss)	Hormonspritzen
Unterstützung der Gelbkörperphase (Hormontherapie)	Gelbkörperschwäche nach Downregulation Gelbkörperschwäche bei Störung der Eizellreifung/Gelbkörperbildung	– Vaginalgel – Spritze – Tabletten zum Einnehmen eventuell auch Zyklusstimulation
Mikrochirurgie	Anatomische Veränderungen des inneren Genitales	Operation
Bauchspiegelung	Anatomische Veränderungen des inneren Genitales, oft auch zur Diagnose	Operation
Kappeninsemination	Zur Diagnostik bei Verträglichkeitsstörungen	Kappe am Muttermund
Intrauterine Insemination (IUI)	Bei Verträglichkeitsstörungen oder mangelhaftem Spermiogramm	Einspritzen des Samens in die Gebärmutter
Gametentransfer in die Eileiter (GIFT)	Bei Verträglichkeitsstörungen oder mangelhaftem Spermiogramm, Endometriose	Übertragung von Ei- und Samenzelle in den Eileiter
In-vitro-Fertilisation (IVF), Mikroinjektion (intrazytoplasmatische Spermieninjektion, ICSI)	Bei Eileiterschaden, mangelhaftem Spermiogramm, Eizellreifungsstörung, Endometriose, Kinderlosigkeit mit ungeklärten Ursachen oder mehrfacher erfolgloser IUI	Befruchtung im Reagenzglas
Laserassistiertes Schlüpfen (assisted hatching)	Nach drei erfolglosen IVF oder bei dicker Eizellhülle oder wenn die Frau über 35 Jahre alt ist	Hülle der befruchteten Eizelle wird mit Laser angeritzt
Tiefgefrierung im Vorkernstadium	Im Rahmen einer IVF/ICSI	Einfrieren der befruchteten Eizelle bei –196 °C

Vorteile	Nachteile	Weitere Anmerkungen	Seite
a) Niedrige Mehrlingsrate b) Technisch einfach	a) Technisch schwieriger b) Höhere Mehrlingsrate	Entscheidung für Pumpe oder Spritzen je nach Ursache	114
Meist gutes Ansprechen der Eierstöcke auf die Therapie, »gute« Eisprünge	Mehrlingsrisiko (ständige Überwachung per Ultraschall nötig)	Eventuell zusätzlich Cortison (bei AGS) oder zusätzlich Downregulation	115
a) Ursächliche Therapie	a) Keine	a) Vorstellen beim Internisten zur Untersuchung der Schilddrüse	115
b) Einfach, spontane Eisprünge	b) Mögliche Nebenwirkung: Kreislaufprobleme	b) Genaue Abklärung der Ursachen	116
Gutes Ansprechen der Eierstöcke auf die Therapie	Mehrlingsrisiko (ständige Überwachung per Ultraschall nötig)	Eventuell in Zusammenhang mit Downregulation	117
Es kommt zu einer stabilen Gelbkörperphase	Mögliche Nebenwirkungen: Völlegefühl, Brustspannen, Verstimmungen	Wirkung und weitere Maßnahmen abhängig von der Basisbehandlung	119
Korrigieren anatomischer Veränderungen	Allgemeine Risiken einer Operation, Bauchschnitt	Nur in Klinik mit erfahrenen Frauenärzten durchzuführen	121
Korrigieren anatomischer Veränderungen, oft ambulant möglich	Allgemeine Risiken einer Operation, eventuell technisch schwierig und aufwendig	Kann von jedem Frauenarzt durchgeführt werden	122
Sehr einfach	Erfolge nicht besser als bei normalem Geschlechtsverkehr		132
Einfach, schmerzfrei, Erfolgsrate doppelt so hoch wie bei normalem Geschlechtsverkehr	Samen muss im Labor aufbereitet werden	Einsatz im Rahmen einer längerfristigen Strategie der Behandlung	132
Bei richtiger Indikation hohe Schwangerschaftsrate	Operation, ambulant möglich	abnehmende Bedeutung	133
Gute Aussicht auf Schwangerschaft, sicheres Verfahren	Teure und aufwendige Therapie, kleinere Operation nötig, Mehrlingsrisiko, Überstimulationssyndrom	Bei Bedarf laserassistiertes Schlüpfen möglich (siehe unten) Möglichkeit der Tiefgefrierung	134
Sicher, erfolgreich	Eventuell höhere Zwillingsrate, Kosten circa 150 bis 200 Euro	Erfolgsaussichten von manchen Spezialisten angezweifelt	139
Später weitere Embryotransfers ohne nochmalige Stimulation und Operation möglich	Etwas niedrigere Schwangerschaftsrate (20 bis 25 %)	Kosten circa 400 Euro	140

Auch die Seele braucht Hilfe

Wenn Sie von den Methoden und Möglichkeiten der modernen High-Tech-Medizin lesen, kommen Sie sich vielleicht manchmal als Mensch ganz klein vor. Möglicherweise haben Sie den Eindruck, dass sich die Medizin regelrecht des menschlichen Körpers bemächtigt. Dass irgendwann Liebe und Sexualität bei dem Wunsch nach einem Kind überhaupt keine Rolle mehr spielen. Dass manche Prozedur peinlich und beschämend ist.

Manche Frauen oder Männer erleben früher oder später die Kinderwunschtherapie als sehr belastend und beinahe entwürdigend. Anderen gelingt es, sich von vornherein auf Unannehmlichkeiten einzustellen. Ihnen fällt es dann oft auch leichter, die unangenehmen Konsequenzen der Behandlung zu akzeptieren.

Gehen Sie neue Wege, egal ob mit oder ohne Wunschkind. Es ist wichtig, dass Sie neben dem Traum vom gemeinsamen Baby auch zusammen Pläne und Zukunftsvisionen entwickeln.

Die medizinische Behandlung verarbeiten

Wichtig ist für Sie vor allem, dass Sie sich Ihre Eigenverantwortlichkeit und Ihr Selbstbewusstsein während der gesamten Behandlung bewahren. Das heißt, Sie sollten zu jedem Zeitpunkt der Behandlung sagen können: »Ich bin über die Vor- und Nachteile der Behandlungsmethoden informiert. Ich entscheide, was ich mitmache, und ich kann zu jedem Zeitpunkt Ja oder Nein zur weiteren Behandlung sagen.«

Machen Sie sich auch klar, dass es keinen automatisierten Ablauf gibt nach dem Motto: »Ich habe das Problem unerfüllter Kinderwunsch – Ärzte halten die Lösung bereit.« Mit Hilfe der High-Tech-Medizin ist zwar vieles machbar – doch nicht alles, was machbar ist, muss in Ihrem ganz individuellen Fall auch um jeden Preis zum Einsatz kommen.

Vielleicht möchten Sie zu irgendeinem Zeitpunkt der Behandlung wirklich »Nein« sagen. In diesem Zusammenhang sind manchmal auch Pausen und Bedenkzeiten sinnvoll, in denen Sie sich darüber klar werden, ob und wie Sie die Kinderwunschtherapie fortführen möchten. Ebenso kann eine begleitende psychotherapeutische Betreuung sehr hilfreich sein.

Tipp

Warum Psychotherapie bei Kinderwunsch?
Viele Menschen, die sich ein Kind wünschen, neigen dazu, dies »mit ganzer Kraft« zu tun. Doch es ist wichtig, sich auch für die eigene seelische Entwicklung ausreichend Energie zu bewahren. Wenn das gelingt, ist oft die gesamte medizinische Behandlung nicht mehr so mit Erwartungen belastet – und es entsteht auch seelisch mehr Raum für ein mögliches Kind.
Eine Psychotherapie kann für jeden sehr bereichernd wirken – ganz unabhängig davon, ob ein Mensch vordergründig unter psychischen Problemen leidet oder nicht. Sich in psychotherapeutischen Gesprächen oder auch in einer psychotherapeutisch geführten Gruppe eine Zeit lang intensiver mit seiner eigenen Persönlichkeit zu beschäftigen kann für jeden Menschen sehr interessant sein.

Psychotherapie – ein Weg für Sie?

Gegen ein psychotherapeutisches Gespräch haben viele Menschen Vorbehalte. Dabei wäre es eigentlich für jeden hin und wieder sehr nützlich! Für Paare mit unerfülltem Kinderwunsch bedeutet die Entscheidung für eine psychotherapeutische Behandlung – neben der schweren Kränkung, unfruchtbar zu sein – oft, einen weiteren negativen »Stempel« aufgedrückt zu bekommen: Sie empfinden sich nun auch noch als »psychisch auffällig«. Die meisten Kinderwunschpaare möchten außerdem auf den behandelnden Arzt und ihre soziale Umgebung so »normal« wie möglich wirken. Viele denken es, manche sprechen es aus, wenn der behandelnde Arzt eine Psychotherapie vorschlägt: »Wir sind doch nicht verrückt, wir wollen doch nur ein Kind!«
Glücklicherweise setzt sich nach und nach eine positivere Einstellung zum Umgang mit seelischen Problemen durch: Schwierige Situationen und Lebenskrisen sind inzwischen für viele Menschen ein Grund, einen Psychotherapeuten oder eine Therapiegruppe aufzusuchen. Scheuen Sie sich deshalb nicht, mit dem Symptom »unerfüllter Kinderwunsch« einen Psychotherapeuten aufsuchen – auch, wenn Sie sich ansonsten völlig in Ordnung fühlen.
Manche Paare befürchten – oft unbewusst –, dass in der Psychotherapie bestimmte Probleme auftauchen könnten, die bisher immer im Verborgenen geblieben sind, weil ja oberflächlich betrachtet »eigentlich alles gut funktioniert«. Eine solche abwehrende Haltung verhindert, dass die vielen positiven Aspekte, die eine Psychotherapie mit sich bringen kann, genutzt werden können.

Es kann manchmal schon erleichternd sein, Probleme auszusprechen. Und ein offenes, vertrauensvolles Gespräch ist eine gute Möglichkeit, gemeinsam Lösungen zu finden.

Gründe für eine psychotherapeutische Begleitung bei unerfülltem Kinderwunsch

- Wenn Sie selbst vermuten, dass seelische Ursachen mit beteiligt sein können
- Wenn in Ihrer Partnerschaft der Kinderwunsch übermächtig wird und kaum noch ein anderes Thema existiert
- Wenn Sie sich zunehmend isolieren, Kontakte vermeiden und der Kinderwunsch Ihr gesamtes Leben und Handeln beherrscht
- Wenn es auch schon vor der Behandlung sexuelle Störungen gab
- Wenn es kaum noch Situationen im Alltag gibt, in denen Sie sich richtig freuen können, oder sogar Traurigkeit und Wut das Leben beherrschen
- Wenn das Gefühl der inneren Leere und Sinnlosigkeit über längere Zeit überwiegt und das Gefühl vorherrscht, ohne Kind nichts wert zu sein.

Körper und Seele arbeiten eng zusammen

Auch wenn Sie eine körperliche »Störung« als sehr unangenehm empfinden: Psychosomatisch ausgelöste Blockaden können manchmal eine Schutzfunktion haben (siehe auch ab Seite 89).

Die wichtigste Voraussetzung für eine erfolgreiche Therapie ist, dass man selbst das Zusammenspiel von Psyche und Körper anerkennt. Diese Einsicht enthält außerdem die Chance, sich nicht mehr als Opfer zu fühlen, sondern körperliche Vorgänge – und ihre möglichen psychischen Ursachen – zu verstehen und unter Umständen auch zu beeinflussen. Wichtig ist außerdem zu wissen: Grundsätzlich haben Paare mit einem unerfüllten Kinderwunsch nicht von vornherein mehr oder weniger psychische Probleme als andere Paare. Allerdings können die Folgen der Kinderlosigkeit durchaus zu seelischen Belastungen und Problemen führen.

Was geschieht in einer Psychotherapie?

Bei der Psychotherapie geht es nicht nur darum, seelische Barrieren zu entdecken, die möglicherweise eine Schwangerschaft verhindern. Ein wichtiges Ziel ist für das betroffene Paar, herauszufinden, wie es dieser Lebenskrise begegnen kann. Die Therapie hilft, nach weiteren Wegen der Selbstverwirklichung zu suchen und nach Möglichkeiten, die Lebensfreude insgesamt wieder zu wecken. Dafür gibt es kein Patentrezept, und jedes Paar beziehungsweise jeder einzelne Mensch muss das ganz individuell für sich herausfinden.

Psychotherapie kann also entlastend wirken, indem sich mit ihrer Hilfe neue Perspektiven für das Paar auftun können. Zudem hilft sie dem Paar dabei, die Grenze festzulegen, bis zu der es überhaupt mit der Kin-

Pflegen Sie gemeinsame Hobbys – nehmen Sie sich ganz bewusst auch Zeit füreinander.

derwunschtherapie gehen möchte. Vielleicht wird es für das Paar im Lauf der Therapie sogar möglich, die durch die Sterilität verursachte Krise nicht nur negativ zu empfinden, sondern auch als Chance. Schließlich kann eine solche Situation auch dazu beitragen, neue Inhalte für die Partnerschaft zu entdecken und auf andere Weise »fruchtbar« zu werden.

In der Psychotherapie wird die Wahrnehmung der eigenen Gefühle und Wünsche gefördert. Dies dann in Worte fassen zu können und mit dem Partner oder mit engen Freunden oder Angehörigen zu besprechen ist ein weiterer Schritt zur Entlastung und zur Stressreduzierung. Immer mehr Paare entscheiden sich auch dafür, statt der Einzelstunden beim Psychotherapeuten eine psychotherapeutische Selbsterfahrungsgruppe zu besuchen. Welche Therapieform für Sie am besten geeignet ist, hängt von der individuellen Situation und von Ihren ganz persönlichen Vorstellungen ab.

Um sich Ihr eigenes Urteil über die Wirkung einer Psychotherapie zu bilden, lassen Sie sich am besten selbst auf einen »Versuch« ein.

So finden Sie einen geeigneten Therapeuten

Jedes Kinderwunschzentrum arbeitet mit Psychotherapeuten zusammen. Fragen Sie deshalb am besten dort nach. Oft haben sich die empfohlenen Psychotherapeuten – die Ärzte oder Psychologen sein können – mit dem Thema unerfüllter Kinderwunsch schon intensiv auseinander gesetzt. Sie können natürlich auch im Telefonbuch nachschlagen oder sich bei der Ärztekammer, den Krankenkassen oder der kassenärztlichen Vereinigung (Adressen siehe Anhang ab Seite 180) nach eingetragenen Psychotherapeuten erkundigen.

Sie können dann – ohne eine Überweisung von einem anderen Arzt oder andere Formalitäten – direkt einen Termin für ein Erstgespräch vereinbaren. Dieser wird von der Krankenkasse bezahlt. Wenn der The-

rapeut eine Behandlung befürwortet, reicht er einen Antrag bei der Krankenkasse ein. Daneben gibt es natürlich immer auch die Möglichkeit, die Stunden privat zu bezahlen.
Wichtig ist, dass Sie beide das Gefühl haben, dass der Psychotherapeut sich in Ihre individuelle Situation und die Problematik hinein versetzen kann und dass Sie eine vertrauensvolle Beziehung zu ihm aufbauen können. Eine große Rolle spielt dabei auch, dass Ihnen der vorgeschlagene therapeutische Ansatz zusagt.

Zur Ruhe kommen – eine Pause einlegen

Eine Kinderwunschtherapie kann für den Einzelnen und für das Paar sehr belastend werden. Lassen Sie deshalb ruhig immer wieder »Auszeiten« zu, wenn einer der Partner sie benötigt.

Manchmal ist eine Behandlungspause wichtig, um sich selbst erneut darüber klar zu werden, dass ein Leben ohne Kinder nicht nur Nachteile mit sich bringt, sondern durchaus eine lebenswerte Alternative zu einer Familie ist. Diese Gedanken können vielleicht auch den Erfolgsdruck etwas mildern. Es kann auch sinnvoll sein, in einer solchen Pause die Körperbeobachtung durch die Natürliche Familienplanung (siehe ab Seite 25) oder ein Entspannungsverfahren zu erlernen. Gut geeignet sind zum Beispiel die Progressive Muskelrelaxation nach Jacobson, Yoga oder autogenes Training. Diese Entspannungstechniken fördern den Kontakt zum Körper und helfen so, ein positives Gefühl dem eigenen Körper gegenüber aufzubauen, von dem sich manche vielleicht in solch einer Situation »im Stich gelassen« fühlen.
Oft hat der behandelnde Gynäkologe so viel Erfahrung, dass er bemerkt, wenn die Behandlung zu belastend für das Paar oder einen der Partner (meist die Frau) wird. Manchmal hat sich jedoch ein Paar – oft vor allem die Frau – sehr gut »im Griff« und ist ängstlich bemüht, nicht zu zeigen, wie schlecht es ihr oder ihrem Partner wirklich geht, um die Behandlung nicht unterbrechen zu müssen.

Ein Leben ohne eigene Kinder muss kein kinderloses Leben sein: Sicher gibt es in Ihrem Freundeskreis oder in der Familie Kinder, zu denen Sie eine innige Beziehung aufbauen können.

Es kommt kein Kind – was nun?

Der unerfüllte Kinderwunsch ist keine körperliche Krankheit, sondern ein persönliches Leid. Ob es medizinisch behandelt werden muss, wie intensiv und wie lange, hängt zuallererst vom betroffenen Paar ab. Es ist wichtig für Sie selbst, dass Sie ein gesunder Mensch mit einem unerfüllten Wunsch bleiben – und nicht ein Patient oder eine Patientin werden, der oder die »nicht in Ordnung« ist.
Vielen Paaren fällt es sehr schwer, den Zeitpunkt zu finden, an dem sie den Kinderwunsch aufgeben sollten. Manche klammern sich lange an eine noch so geringe Hoffnung. Das ist verständlich, denn es tut sehr weh, sich einzugestehen, dass der Wunsch nach einem eigenen Kind sich wohl nie erfüllen wird.

Bewältigungsstrategien für ein Leben ohne Kind

Möglicherweise kommt irgendwann der Moment, an dem man sich von seinem Wunschkind, für das man so viele Opfer gebracht hat und zu dem man durch die intensive Beschäftigung mit dem Kinderwunsch oft schon eine innige Beziehung entwickelt hat, verabschiedet. Diesen Abschied müssen Paare erst einmal verarbeiten. Der Trauerprozess kann einige Zeit dauern.

Ein Leben ohne Kind hat ebenso Vor- und Nachteile wie das Leben in einer Familie.

Viele Paare müssen in dieser Situation ihren gesamten Lebensplan umwerfen. Vorstellungen wie »Eigene Kinder gehören einfach dazu« sind wohl leider nicht zu verwirklichen. In dieser Situation fällt es oft nicht leicht, Alternativen zu diesem »klassischen« Lebensplan zu finden.

Wie soll es weitergehen?

Es gibt mehr als nur einen »richtigen« und gangbaren Lebensweg. Vielleicht hilft es, wenn Sie zu der Einstellung kommen können: »Mit Kind wäre mein Leben schön, aber ohne wird es das auch sein. Ich lasse mein Leben nicht von der Trauer um mein ungeborenes Kind beherrschen.«
In einem Leben ohne Kind finden möglicherweise lang gehegte Pläne und Wünsche, die man zugunsten des Kinderwunsches weggeschoben hat, neuen Raum. Dabei können sich völlig neue Perspektiven eröffnen:

Manche Betroffenen orientieren sich beruflich ganz neu. Andere leben ihr soziales oder ökologisches Engagement aus. Unabhängig davon, ob die Kinderwunschtherapie erfolgreich war: Oft ist am Ende der medizinischen Behandlung ein Gespräch mit einem Psychotherapeuten (siehe auch ab Seite 147) sehr sinnvoll.

Gemeinsam neue Wege gehen

Doch nicht nur Experten und ausgebildete Therapeuten und Mediziner können das Paar in dieser Situation unterstützen: Die Partner können sich auch gegenseitig helfen. Es ist wichtig, miteinander zu reden. Dabei wird es wahrscheinlich um sehr zentrale Lebensfragen gehen: Wer bin ich? Wie will ich leben? Wie wollen wir zusammen leben? Lohnt sich unser Zusammenleben? Haben wir auch ohne ein eigenes Kind eine Zukunft als Paar?

In diesem Zusammenhang ist es wichtig, die eigenen Schuldgefühle vom Kinderwunsch abzukoppeln und auch nicht dem Partner zuzuschieben. Denn es ist schwierig, auf den anderen zuzugehen, wenn man ihm gleichzeitig innerlich die Hauptschuld an der Kinderlosigkeit gibt.

Bei einer Adoption entscheiden Sie sich oft für ein Kind, das vielleicht schon ein schwieriges Stück Lebensweg hinter sich hat. Sind Sie bereit dafür?

Neben den Gesprächen mit dem Partner können auch Freunde und andere Paare, denen es genauso geht, eine Unterstützung sein. Es gibt zum Beispiel Selbsthilfegruppen Betroffener (siehe Anhang ab Seite 180).

Viele Singles und kinderlose Paare lassen sich den Kontakt zu Kindern dennoch nicht nehmen. Sie pflegen eine mütterliche oder väterliche Beziehung zu Kindern in ihrer Verwandtschaft, im Freundeskreis oder in der Nachbarschaft.

Adoption – die richtige Entscheidung für Sie?

Wenn der Erfolg der medizinischen Therapie ausbleibt, denken viele kinderlose Paare über eine Adoption nach. Doch es werden immer weniger Kinder zur Adoption freigegeben. Das liegt auch daran, dass der Schwangerschaftsabbruch straffrei geworden ist. Oft herrscht Unverständnis, wenn eine Mutter ihr Kind zur Adoption freigeben möchte, nach dem Motto: Warum erst austragen und dann abgeben? So kann nur etwa einem von 15 Bewerberpaaren ein Baby vermittelt werden. Eine Wartezeit von einigen Jahren ist dabei normal – und aufgrund der recht strengen Auswahlkriterien haben viele Paare keine oder nur geringe Chancen auf ein Adoptivkind. Wesentlich einfacher ist die Adoption eines älteren oder eines behinderten Kindes. Für die Adoption ausländischer Kinder gibt es ebenfalls viele bürokratische Hürden zu überwinden. Für die Vermittlung von Kindern aus Entwicklungsländern sollte man sich nur an seriöse Organisationen wenden (siehe Adressen im Anhang Seite 180). Heute ist auch die so genannte offene oder halboffene Adoption möglich. Dabei lernen die leiblichen Eltern und die Adoptiveltern einander kennen. Sie können sich entweder persönlich besuchen oder über das Jugendamt Kontakt halten.

Nähere Informationen zur Adoption finden Sie bei geeigneten Ansprechpartnern (Adressen im Anhang ab Seite 180).

Tipp

Wissenswertes rund um die Adoption

Zuständig für die Vermittlung einer Adoption ist das örtliche Jugendamt. Sie können sich auch an kirchliche Stellen wenden, etwa an die Malteser oder das Diakonische Werk.

Das Amt »prüft« in ausführlichen Gesprächen, ob die Bewerber geeignet sind.

Voraussetzung für eine Adoption ist, dass die zukünftigen Eltern körperlich und geistig gesund sind, über ein festes Einkommen und genügend Wohnraum verfügen. Meist wird auch Wert darauf gelegt, dass die Partner miteinander verheiratet und beide zwischen 21 und 35 Jahren alt sind.

Bei den Gesprächen geht es unter anderem um folgende Fragen:

- Können Sie damit leben, dass Ihr Kind, bevor es zu Ihnen kommt, eventuell Schäden erlitten hat, die nicht wieder gutzumachen sind?
- Können Sie damit leben, dass das Kind vielleicht von einer Mutter stammt, die drogenabhängig, alkoholkrank oder psychisch krank ist oder als Prostituierte arbeitet?
- Ist Ihnen bewusst, dass Sie wahrscheinlich viel Zeit und Zuwendung aufwenden müssen, damit das Kind Vertrauen gewinnen kann? Haben Sie daran gedacht, dass diese Situation sehr belastend sein kann für Sie und Ihre Partnerschaft?
- Wünschen wirklich beide Partner die Adoption?

Alternative zur Adoption: ein Pflegekind

Es gibt wesentlich mehr Pflegekinder als Adoptivkinder. Pflegekinder können tageweise, wochenweise oder dauernd im Haushalt der Pflegefamilie leben. Der Kontakt zu den leiblichen Eltern bleibt bestehen. Manchmal nehmen diese das Kind nach einigen Jahren selbst wieder auf, meist bleibt das Kind aber für immer in der Pflegefamilie (Adressen zur Information siehe Anhang ab Seite 180).

Die Internet-Sprechstunde

Begleitend zu diesem Buch bieten wir Ihnen unter der Internet-Adresse www.MeinKinderwunsch.de die Möglichkeit, noch mehr zum Thema Kinderwunsch zu erfahren: Medizinische Experten stehen Ihnen zur Verfügung – um individuelle Fragen zu beantworten, Ratschläge und Tipps zu geben und Sie noch tiefer gehend zu informieren.

Als besonderen Service bieten wir den Lesern dieses Buches die Beantwortung von Fragen rund um den Kinderwunsch. Und: Gegen eine geringe Schutzgebühr können Sie einen ausführlichen Fragebogen ausfüllen und per E-Mail an das Autorenteam schicken. Wenige Tage später erfahren Sie, welche Ursachen die Kinderlosigkeit in Ihrem Fall haben könnte – und welche Behandlungsmöglichkeiten für Sie persönlich in Frage kommen.

Expertenhilfe online

Für Ihre Fragen zum Thema Kinderwunschtherapie steht Ihnen unsere Internet-Sprechstunde offen.

Wir möchten Sie mit unserem Ratgeber auf dem Weg zur Erfüllung Ihres Kinderwunsches unterstützen. Sie haben beim Lesen einen umfassenden Einblick in die Methoden der Natürlichen Familienplanung und der modernen Reproduktionsmedizin bekommen. Das wird Ihnen sicher helfen, sich zu orientieren.
Vielleicht haben Sie aber weitere Fragen persönlicher Art? Oder Sie interessieren sich noch genauer für bestimmte Verfahren und Aspekte der modernen Kinderwunschtherapie? Dann können Sie durch einen Besuch auf unserer Internet-Seite mehr erfahren.

Wieso eine Internet-Sprechstunde?

Obwohl mit allen Themen rund um die Sexualität heute so offen umgegangen wird wie nie zuvor, ist das Verhältnis zum eigenen Körper, zu den individuellen Bedürfnissen, Wünschen und nicht zuletzt zu den eigenen »Fähigkeiten« bei vielen Menschen nicht ganz unbelastet. Die meisten Menschen haben eine recht genaue Vorstellung davon, wie ihr Körper zu funktionieren hat. Kann er diesen Erwartungen nicht entsprechen, kommt sehr schnell Enttäuschung oder Scham auf. Aus diesem Grund ziehen es viele Menschen vor, intime Fragen und Probleme in einem vertrauensvollen Gespräch – etwa mit einem erfahrenen und einfühlsamen Arzt – zu erörtern.
Die Internet-Sprechstunde bedeutet für Sie darüber hinaus Schutz durch Anonymität. Gerade bei dem sensiblen Thema Kinderwunsch,

Liebe, Sex und Partnerschaft sind Themen, die die meisten Menschen in einer vertrauensvollen, sicheren Atmosphäre erleben und besprechen möchten.

das Intimität und Sexualleben ganz direkt berührt, erscheint uns dieser Schutz besonders wichtig. Wir wissen, dass es sehr vielen Paaren schwer fällt, sich mit dem Kinderwunschproblem sofort einem Spezialisten anzuvertrauen. Dieser Gang ist oft erst das vorläufige Ende eines längeren Leidensweges. Ganz am Anfang steht jedoch die Suche nach Erklärungen und die Bewältigung in der Partnerschaft. Viele Paare berichten uns, dass sich zuerst einer der Partner allein auf die Suche nach Erklärungen und Lösungen gemacht hat – oft ohne Wissen des anderen –, bevor das Paar das gemeinsame Gespräch gesucht und den Weg zum Spezialisten gefunden hat. Der durch unsere Internet-Sprechstunde gewährleistete Schutz durch Anonymität ist deshalb extrem wichtig. Daher müssen auch an die Qualität und Seriosität der Beratung im Internet besonders hohe Anforderungen gestellt werden.

Mehr Information – mehr Sicherheit

Wir bieten den Leserinnen und Lesern unseres Buches die Expertensprechstunde aber auch an, damit sie eine zweite Meinung einholen können. Aus unserer Erfahrung wissen wir, dass sich viele Paare mit einem unerfüllten Kinderwunsch recht schnell an ihren Hausarzt oder den Gynäkologen wenden. Vielleicht haben Sie selbst ja auch schon eine spezialisierte Arztpraxis aufgesucht, oder Sie haben sogar bereits eine längere Behandlung hinter sich. In dieser Situation kommt es oft vor, dass Paare die Meinung eines weiteren Arztes einholen möchten. Das ist oft richtig und nur zu verständlich – und trifft auch auf viele Paare zu, die sich in unserer Behandlung befinden. Wir werten das nicht als Zeichen des Misstrauens, sondern als Ausdruck der neuen Partnerschaft zwischen Arzt und Patient. Gerade in der Kinderwunschsituation ist das Arzt-Patienten-Verhältnis dadurch gekennzeichnet, dass Paare ihre Eigenverantwortlichkeit nicht mit Beginn der Behandlung an der Praxistür »abgeben«. Die Eigeninitiative ist bei Paaren mit Kinderwunsch wünschenswert, ja sogar notwendig – und wir möchten sie durch dieses Buch auch fördern. Selbstbestimmt zu bleiben ist zum einen wichtig, wenn die gewünschte Schwangerschaft eintritt, denn Sie wissen dann, dass Sie an diesem Erfolg aktiv mitgearbeitet haben. Doch auch, wenn der gewünschte Behandlungserfolg ausbleibt, wird Ihnen das Gefühl helfen, dass Sie jederzeit die Behandlungssituation mitbestimmt haben und ihr nicht hilflos ausgeliefert waren.

Erkundigen Sie sich im Zweifelsfall besser bei verschiedenen Spezialisten, bevor Sie sich für oder gegen eine bestimmte Behandlung entscheiden.

www.MeinKinderwunsch.de

Unter dieser Internet-Adresse stellen wir Ihnen unsere Homepage als Begleitung zu diesem Ratgeber zur Verfügung. Sie haben dort die Möglichkeit, uns Fragen zu stellen. Wir werden versuchen, sie so rasch und

Geeignete Internet-Adressen und Literaturempfehlungen haben wir im Anhang ab Seite 183 für Sie zusammengestellt.

so ausführlich wie nur möglich zu beantworten. Um Ihnen gezielt antworten zu können, bitten wir Sie, mit Hilfe der Informationen in diesem Buch Ihr persönliches Profil zu erstellen. Dazu haben wir spezielle Fragebögen zu Ihrer individuellen Situation und Ihrer Vorgeschichte erstellt (siehe ab Seite 160). Wenn Sie diese Fragen beantworten, bekommen wir die nötigen Angaben, um Ihnen umfassend und ausführlich zu antworten. Sie werden vielleicht feststellen, dass Sie manchmal bereits mit Hilfe dieser Fragen die mögliche Ursache Ihres unerfüllten Kinderwunsches eingrenzen können. In den Fragebögen wird Ihnen auch immer erläutert, warum eine bestimmte Frage gestellt wird und was mögliche Antworten für Sie bedeuten können. Diese Fragebögen werden Sie auch auf unserer Homepage finden – mit der Bitte, alle Fragen so genau wie möglich zu beantworten.

Wie seriös sind Informationen aus dem Internet?

Das Internet steht heute fast jedem überall und zu jeder Zeit offen. Im Schutze der Anonymität kann man sich informieren, mit Menschen aus der ganzen Welt austauschen und sogar Waren bestellen – etwa dieses Buch. Die Angebote im Internet sind zahlreich und äußerst vielfältig. Der Nutzer kann häufig nur schwer beurteilen, ob die einzelne Quelle seriös ist und ob er den gegebenen Informationen vertrauen kann. Um Ihnen dabei zu helfen, die Spreu vom Weizen zu trennen, verbinden wir dieses Buch mit einer Internet-Sprechstunde.
Falls Sie nach dem Lesen des Buches noch Fragen zum Thema Kinderwunsch haben, können Sie diese direkt an uns Autoren richten. Wir können Ihnen auch hier helfen und Ihnen Tipps geben, aus der Vielfalt anderer Quellen eine Auswahl zu treffen und erhaltene Informationen einzuschätzen.

Eine Flut von Informationen bieten Bücher, Fachzeitschriften und das Internet.

Lesen und surfen zum Thema Wunschkind

An Informationen zum Thema Kinderwunsch herrscht kein Mangel: Neben zahlreichen Ratgebern gibt es eine Menge Fachbücher, wissenschaftliche Studien und Abhandlungen. Auch das Internet bietet Ihnen eine unüberschaubar große Flut an Informationen zu diesem Thema. Es wird allerdings für Sie oft schwierig sein, die einzelnen Angebote zu bewerten und aus der Vielfalt eine geeignete Auswahl zu treffen. Welchen Informationen können Sie vertrauen? Welche sind für Sie in Ihrer ganz persönlichen Situation von Bedeutung? In unserer Autorensprechstunde im Internet möchten wir Ihnen diese und zahlreiche andere Fragen beantworten.

Unbegrenzte Möglichkeiten? Chancen und Risiken im weltweiten Datennetz

Im Anhang dieses Buches haben wir Ihnen eine Auswahl geeigneter Internet-Adressen zusammengestellt (siehe ab Seite 187), deren Besuch sich lohnen kann. Sie können bei diesen Adressen hilfreiche Informationen bekommen.
Zunehmend kann man im Internet aber auch biologisches Material wie zum Beispiel Fremdsamen bestellen. In anderen Ländern – etwa den USA – geht diese Entwicklung sogar so weit, dass zu enormen Preisen Eizellen von Absolventinnen einer der Elite-Universitäten oder von Schauspielerinnen und Models angeboten werden. Wir halten solche Entwicklungen für bedenklich.

Bei der Nutzung des Internets ist kritisches Hinterfragen und gegebenenfalls das Prüfen von Informationen wichtig.

Die rechtliche Situation in Deutschland

In Deutschland sind Eizellspende sowie Leihmutterschaft und auch deren Vermittlung gesetzlich verboten (siehe auch Informationen ab Seite 142 und 166). Auch die anonyme Vermittlung von Samenspendern ist juristisch äußerst problematisch.
In jedem Falle müssen wir Ihnen dringend abraten, sich über das Internet Fremdsamen, Samenspender oder sogar Eizellspenderinnen vermitteln zu lassen! Die möglichen gesundheitlichen und auch juristischen Risiken sind tatsächlich unüberschaubar. Bei konkreten Fragen zu diesem Thema wenden Sie sich bitte über unsere Internet-Sprechstunde an uns oder an den Sie behandelnden Spezialisten.

Tipp

Einblick in eine verwirrende Vielfalt
Das Internet-Angebot auf dem Gebiet des unerfüllten Kinderwunsches ist unüberschaubar groß: In den gängigen Suchmaschinen werden Sie zu den entsprechenden Schlagworten viele tausend Seiten finden.
Drei wichtige Gruppen lassen sich grundsätzlich bei diesen Internet-Adressen unterscheiden:

- die so genannten virtuellen Praxisschilder: Auf diesen Seiten stellen sich Praxen und Institute dar, die sich auf die Behandlung ungewollter Kinderlosigkeit spezialisiert haben
- die Foren, Newsgroups und chatrooms, in denen sich Betroffene austauschen und
- die Informationsseiten wissenschaftlicher und behördlicher Einrichtungen mit qualifizierten Informationen zum Thema Kinderwunsch.

Die verschiedenen Maßnahmen können persönliche und unter Umständen auch rechtliche Konsequenzen nach sich ziehen. Informieren Sie sich bereits vorher.

Fragebogen für Frauen

Frage	Hintergrund der Frage	Antwort
Wie alt sind Sie?	Bei Frauen über 35 Jahren nimmt die Chance ab, schwanger zu werden.	
Wie viel wiegen Sie?	Das Fettgewebe spielt eine wichtige Rolle im Hormonstoffwechsel. Körpergewicht und Größe erlauben über den Body-Mass-Index (BMI) eine Abschätzung des Fettanteils am Gesamtkörpergewicht.	
Wie groß sind Sie?	Angabe ist für Berechnung des BMI (siehe oben) nötig.	
Waren Sie schon einmal schwanger?	Wenn Sie schon einmal auf natürlichem Weg schwanger geworden sind, haben Sie bessere Chancen auf eine weitere Schwangerschaft. Auch die Ursachen des unerfüllten Kinderwunsches sind in der Regel andere als bei Frauen, die noch nie schwanger waren.	
Entstand die Schwangerschaft in derselben Partnerschaft, in der Sie sich jetzt ein Kind wünschen?	Ihre Prognose ist in diesem Fall günstiger, da das Zusammenspiel aller Umstände bei der Entstehung neuen Lebens schließlich schon einmal funktioniert hat.	
Wie lange haben Sie auf die letzte Schwangerschaft gewartet?	Wenn Sie auf die letzte Schwangerschaft auch länger warten mussten, kann ein jetzt vermutetes Problem auch damals bestanden haben, vielleicht weniger stark.	
Ist Ihre Periodenblutung sehr schmerzhaft?	Sehr schmerzhafte Blutungen können auf eine Endometriose, entzündliche Erkrankungen oder auch Fehlbildungen des inneren Genitales hinweisen.	

Fragebogen für Frauen

Frage	Hintergrund der Frage	Antwort
Seit wann wünschen Sie sich ein Kind?	Bitte beantworten Sie diese Frage gemeinsam mit Ihrem Partner! Gemeint ist der Zeitpunkt, seit dem Sie bewusst versuchen, ein Kind zu zeugen.	
Haben Sie regelmäßig Geschlechtsverkehr?	Es ist wichtig zu wissen, ob es möglicherweise auch längere Perioden gibt, in denen Sie überhaupt keinen Verkehr haben, zum Beispiel aus beruflichen oder auch partnerschaftlichen Gründen.	
Wie oft haben Sie durchschnittlich Verkehr in der Woche?	Es interessiert den Arzt, ob möglicherweise durch zu häufigen oder zu seltenen Verkehr Ihre individuelle Chance auf eine Schwangerschaft beeinträchtigt ist.	
Haben Sie Schmerzen während des Geschlechtsverkehrs?	Schmerzen während des Verkehrs können auf eine Endometriose oder auf entzündliche Erkrankungen des inneren Genitales hinweisen. Auch psychische Ursachen sind nicht auszuschließen.	
Wie lange dauert normalerweise Ihr Zyklus (Abstand vom 1. Blutungstag bis zum 1. Blutungstag im nächsten Monat)?	Die Zykluslänge gibt Hinweise auf hormonelle Abläufe und auch auf eventuelle Störungen.	
Wie lange dauert die Blutung?	Die Länge der Blutung kann auf hormonelle Störungen oder Veränderungen der Gebärmutter oder der Gebärmutterschleimhaut hindeuten. In diesem Zusammenhang ist wichtig, ob vor der eigentlichen Blutung mehrere Tage Schmierblutungen beobachtet werden beziehungsweise ob nach Ende der eigentlichen Blutung noch einige Tage Nachblutungen auftreten.	

Fragebogen für Frauen

Frage	Hintergrund der Frage	Antwort
Ist Ihre Blutung sehr stark oder schwach?	Ungewöhnlich starke Blutungen können auf eine vergrößerte Gebärmutter beziehungsweise eine ungenügende hormonelle Umwandlung der Gebärmutterschleimhaut hinweisen, sehr schwache Blutungen auf Zyklen ohne Eisprung oder genitale Fehlbildungen.	
Treten vor der Periodenblutung häufig Schmierblutungen auf?	Längere Schmierblutungen (über drei Tage) vor der eigentlichen Periodenblutung können auf eine Gelbkörperschwäche hinweisen.	
Kommt es zu Zwischenblutungen? Wenn ja, wann?	Zwischenblutungen sind immer auffällig (außer in der Zeit etwa drei Tage um den Eisprung herum). Sie weisen oft auf eine Hormonstörung oder eine Erkrankung der Gebärmutter hin.	
Leiden Sie unter Hitzewallungen, Nervosität oder starkem Schwitzen?	Diese Symptome deutet auf eine Überfunktion der Schilddrüse (Hyperthyreose) hin, die zu Zyklusstörungen führen kann. Auch das vorzeitige Erlöschen der Eierstocksfunktion kann diese Anzeichen verursachen.	
Stellen Sie eine Leistungsminderung fest? Treten Symptome wie trockene und raue Haut, Kältegefühl und Müdigkeit auf?	Das sind typische Anzeichen einer Schilddrüsenunterfunktion (Hypothyreose), die sehr häufig Zyklusstörungen verursacht.	
Leiden Sie unter Absonderungen aus der Brust, Brustschmerz, Schmierblutungen oder ausgeprägtem prämenstruellen Syndrom (PMS)?	Die genannten Beschwerden deuten eventuell auf einen erhöhten Prolaktinspiegel (Hyperprolaktinämie) hin.	
Haben Sie unreine Haut, oder verstärkt sich Ihre Körperbehaarung?	Diese Symptome können auf ein Ungleichgewicht im Haushalt der männlichen Geschlechtshormone hinweisen.	

Fragebogen für Frauen

Frage	Hintergrund der Frage	Antwort
Sind Sie bereits operiert worden?	Hier interessieren besonders Operationen im Unterbauch (auch am Blinddarm) und alle gynäkologischen Operationen (auch Ausschabungen und Operationen am Gebärmutterhals) sowie Operationen an der Schilddrüse.	
Haben/hatten Sie schwerere Erkrankungen?	In diesem Zusammenhang wichtig sind Erkrankungen der Schilddrüse, des Blutzuckerstoffwechsels (Diabetes), Infektionskrankheiten (Hepatitis B oder C, Tuberkulose, Geschlechtskrankheiten), Erkrankungen des Blutes, Bluthochdruck, Anfallsleiden oder andere schwere Erkrankungen.	
Wie haben Sie vor Ihrem Kinderwunsch hauptsächlich verhütet? a) Pille b) Spirale c) Kondom d) natürliche Methoden e) etwas »aufgepasst« f) praktisch gar nicht	Diese Frage ist wichtig, um die Folgen der Verhütungsmethode abschätzen zu können. Nach Absetzen der Pille finden sich bis zu einem Jahr und danach gehäuft Zyklusstörungen, bei Spiralenträgerinnen gelegentlich die Folgen einer unerkannt gebliebenen Entzündung im Bereich des inneren Genitales. Haben Sie nur sehr unzuverlässig verhütet und sind trotzdem nicht schwanger geworden, muss diese Zeit teilweise dem Zeitraum des unerfüllten Kinderwunsches hinzugerechnet werden.	a) b) c) d) e) f)

Fragebogen für Frauen

Frage	Hintergrund der Frage	Antwort
Hat der Sie betreuende Frauenarzt bereits Untersuchungen im Rahmen einer Kinderwunschbehandlung durchgeführt? Wenn ja, teilen Sie uns bitte die Ergebnisse mit:		
Hormonwerte: normal (N), erhöht (+), zu niedrig (–)? a) Schilddrüsensteuerhormon b) FSH/LH c) Prolaktinwert d) männliche Geschlechtshormone e) Hormone der Gelbkörperphase		a) ____ b) ____ c) ____ d) ____ ____ e) ____ ____
Verträglichkeitstests: a) normal b) auffällig		a) ____ b) ____
Haben Sie eine Basaltemperaturkurve angelegt? Zeigte diese eine deutliche Temperaturtieflage und danach eine Temperaturhochlage an?	Mit dieser Aufzeichnung kann der Arzt feststellen, ob und wann ein Eisprung stattfindet.	____ ____ ____
Wurden bereits Hormontherapien zur Auslösung eines Mehrfacheisprungs durchgeführt? Wenn ja: a) Mit Tabletten, wie oft? b) Mit Spritzen, wie oft?		a) ____ b) ____
Wurde bereits eine intrauterine Insemination (IUI) durchgeführt? Wenn ja, wie oft?		____ ____ ____
Wurde bereits eine In-vitro-Fertilisation (IVF) oder ICSI durchgeführt? Wenn ja: a) Wie oft? b) Mit wie vielen Eizellen? c) Wie viele Embryonen wurden übertragen?		a) ____ b) ____ c) ____ ____

Fragebogen für Männer

Frage	Hintergrund der Frage	Antwort
Wie alt sind Sie?	Eventuell ist auch die Samenzellbildung altersabhängigen Veränderungen unterworfen.	
Ist Ihre derzeitige oder eine frühere Partnerin bereits von Ihnen schwanger geworden? Wenn ja, wann?	Wenn das der Fall ist, bestehen bessere Chancen auf eine Schwangerschaft.	
Sind Sie bereits operiert worden?	Die Fortpflanzungsfähigkeit kann durch Operationen wegen eines Leistenbruches oder am Hoden beeinträchtig werden.	
Haben/hatten Sie schwere Erkrankungen?	Erkrankungen wie Leberentzündungen, Tuberkulose, Diabetes, Erkrankungen des Blutes, Bluthochdruck, Stoffwechsel- oder Nierenerkrankungen können die Fruchtbarkeit beeinträchtigen.	
Haben Sie Kinderkrankheiten erst nach der Pubertät durchgemacht?	Manche Viruserkrankungen (Röteln, Mumps) können unter Umständen das Hodengewebe schädigen.	
Sind Sie im Beruf gesundheitsgefährdenden Bedingungen ausgesetzt?	Faktoren wie Hitze, Einfluss von Schwermetallen, Pestiziden oder Insektiziden können schädlich für die Spermienbildung sein.	
Nehmen Sie bestimmte Medikamente regelmäßig? Wenn ja: Welche, wie oft, seit wann?	Verschiedene Antibiotika, wasserausschwemmende Medikamente, Zytostatika (Antikrebsmittel) sowie einige Medikamente gegen Anfallsleiden können die Spermienbildung schädigen.	
Leiden Sie unter besonderem beruflichen oder privaten Stress?	Starker Stress kann die Samenqualität verschlechtern.	
Haben Sie Potenzprobleme?	Potenzprobleme können zur Verschlechterung des Spermiogramms führen. Vermutlich, weil dann beim Samenerguss vor allem Sekrete der Vorsteherdrüse und der Samenbläschen ausgestoßen werden und der Nebenhoden nur unvollständig entleert wird. Dadurch kann eine zu geringe Spermienkonzentration entstehen.	
Rauchen Sie?	Starkes Rauchen kann die Samenqualität beeinträchtigen.	

Service-Teil

Auf den folgenden Seiten finden Sie weitere Informationen, Tipps und Ratschläge zum Thema »unerfüllter Kinderwunsch«: Antworten auf die Fragen, die besonders häufig in der Kinderwunschsprechstunde gestellt werden, eine Liste von Adressen und Links, unter denen Sie noch mehr zu Themen wie Kinderwunschbehandlung, Adoption und Schwangerschaft erfahren können, und Bücher, die in diesem Zusammenhang empfehlenswert sind.

Wichtige Fragen kurz beantwortet

Was sind die Vorteile der Natürlichen Familienplanung (NFP)?

➤ Wenn Sie gern ein Kind bekommen möchten und Ihren Körper mit Hilfe der NFP (siehe ab Seite 25) beobachten, haben Sie eine bessere Chance schwanger zu werden. Die fruchtbaren Tage sind nämlich bei den meisten Frauen nicht in jedem Zyklus »an derselben Stelle«, also zum Beispiel immer zwischen dem 12. und 15. Tag des Zyklus.

Mit Hilfe der NFP können Frauen selbst jeden Tag neu feststellen, ob sie gerade fruchtbar sind – einfach, indem sie verschiedene Körpersignale beobachten.

Auch wenn Sie gerade nicht schwanger werden möchten, eignet sich NFP für Sie: als sichere Verhütungsmethode. Wenn Sie in der fruchtbaren Zeit keinen ungeschützten Verkehr haben, können Sie mit der NFP sehr gut verhüten. Mehr als die Hälfte der Paare, die NFP praktizieren, benutzen in der fruchtbaren Zeit Kondome. Diese Art der Verhütung ist laut einer bundesweiten deutschen Studie fast so sicher wie das Verhüten mit Pille oder Spirale.

Neben der Chance, das Schwangerwerden bewusst mitzubestimmen, bietet

Ihnen die NFP die Möglichkeit, Ihre Fruchtbarkeit sehr sinnlich und körperlich zu erleben und ein so genanntes »Fruchtbarkeitsbewusstsein« zu entwickeln. Auch Ihr Körpergefühl wird sich verbessern.

Das genaue Beobachten der körperlichen Vorgänge in diesem besonders sensiblen und intimen Bereich kann darüber hinaus eine befreiende Wirkung haben – und unnötige »Tabus« beseitigen helfen, die oft in Zusammenhang mit Fruchtbarkeit und Sexualität bestehen. Die Entwicklung eines positiven Körperselbstbildes wird gefördert.

Eine Frau, die ihren Körper so wahrnimmt, erlebt die Vielfältigkeit des Zyklus im Alltagsleben und in den verschiedenen Phasen eines Frauenlebens – von der Pubertät bis zu den Wechseljahren – intensiver und kann Unregelmäßigkeiten und Störungen des Zyklus besser einschätzen. Das ist unter anderem auch wichtig, um verschiedene Krankheiten rechtzeitig zu erkennen oder ihnen vorzubeugen.

Die Zyklusbeobachtung erleichtert zudem die medizinische Diagnostik und gezielte Therapie von verschiedenen gynäkologischen Erkrankungen. Die Frauen erwerben mit Hilfe der NFP Kompetenz in diesem Bereich. Das verändert auch die Arzt-Patienten-Beziehung – hin zu mehr Selbstbestimmung und aktiver Mitarbeit von Seiten der Patientin.

Im weitesten Sinne kann die NFP auch die weibliche Geschlechtsidentität sichern helfen. Ein solch bewusstes Körpererleben ist außerdem ein wichtiger Aspekt in der Sexualerziehung junger Mädchen.

Die Vorteile der NFP auf einen Blick:

- bei bestehendem Kinderwunsch: eine bessere Chance, schwanger zu werden
- wenn keine Schwangerschaft gewünscht wird: sichere Verhütungsmöglichkeit
- besseres Körpergefühl und Fruchtbarkeitsbewusstsein, selbstbewussterer Umgang mit der eigenen Sexualität und Fruchtbarkeit
- Chance auf die Früherkennung verschiedener Erkrankungen
- eine bessere Arzt-Patienten-Beziehung, aktivere Mitwirkung bei verschiedenen Behandlungen
- wertvoller Beitrag in der Sexualerziehung junger Mädchen

Wie aufwendig ist die Methode wirklich?

➤ In der ersten Zeit, also in der Lernphase, ist die NFP etwas aufwendig, da man dafür ein Buch lesen und die eigenen Beobachtungen ausführlich aufzeichnen muss (siehe Literaturempfehlungen ab Seite 183). Mit zunehmender Erfahrung automatisiert sich das Ganze (ähnlich wie beim Erlernen des Autofahrens), und man trägt schließlich in den meisten Zyklen nur noch einige Symbole für den Zervixschleim und einige Temperaturwerte ein.

Ob Zervixschleim oder andere Körpersignale vorhanden sind oder nicht, nimmt man mit der Zeit ganz automatisch wahr, ohne dass man sich darauf konzentrieren muss – etwa so, wie man registriert, ob man gerade Hunger hat oder müde ist.

Ist NFP für alle Frauen geeignet?

➤ Grundsätzlich ist NFP für jede Frau geeignet, die Interesse hat, sich mit ihrem eigenen Körper auf diese Weise zu befassen. Bei manchen Erkrankungen (zum Beispiel nach Operationen am Muttermund) kann es schwierig sein, bestimmte Körpersignale wahrzunehmen. Aus unserer Erfahrung geschieht es aber nur selten, dass eine Frau aufgrund von körperlichen Ursachen NFP nicht anwenden kann. NFP lässt sich bis in die Wechseljahre hinein auch als sichere Verhütungsmethode benutzen.
In manchen Situationen – zum Beispiel während der Wechseljahre oder in der Stillzeit – treten häufiger Zyklusstörungen auf. Dann muss der Körper wieder etwas aufmerksamer beobachtet werden. Das empfinden manche Frauen als lästig. Viele von diesen Frauen führen dann zwar die Selbstbeobachtung fort, ihre Partner benutzen aber zusätzlich Kondome.

Welche Thermometer sind für die NFP geeignet und was muss man beachten?

➤ Optimal für die NFP geeignet sind Quecksilberthermometer. Eine gute Alternative dazu sind andere mechanische Thermometer, etwa Alkoholthermometer. Die Ohrthermometer dagegen sind für die NFP nicht geeignet, weil sie zu ungenau sind.
Viele Frauen bevorzugen ein so genanntes Digitalthermometer. Wenn das bei Ihnen der Fall ist, sollten Sie Folgendes beachten: Benutzen Sie nur Digitalthermometer, die mit einem gültigen Eichstempel versehen sind und den Wert bis

auf zwei Stellen hinter dem Komma anzeigen. Meist ertönt ein Signalton, wenn die Messung beendet ist. Um jedoch die nötige Messgenauigkeit zu erreichen, muss in der Regel länger gemessen werden. Aus Sicherheitsgründen empfehlen wir, eine Messdauer von drei Minuten einzuhalten.

Es können auch technische Störungen auftreten, zum Beispiel wenn das Gerät überaltert oder die Batterie schon zu schwach ist. Um technisch bedingte Ungenauigkeiten zu vermeiden, sollten Sie grundsätzlich ein fabrikneues Gerät benutzen und nach spätestens zwei Jahren ein neues kaufen. Deutlich zackige Temperaturverläufe können ein Hinweis auf eine Gerätestörung sein. Im Zweifelsfall können Sie mit einem Quecksilberthermometer parallel messen und dann die Kurven vergleichen. Da die Eintragung ins Zyklusblatt auf das Quecksilberthermometer abgestimmt ist, muss bei Benutzung eines Digitalthermometers der Wert ab der zweiten Stelle hinter dem Komma auf- beziehungsweise abgerundet werden.

So wird auf- und abgerundet:

Abgelesener Wert	Eingetragener Wert
36,50	36,50
36,51	36,50
36,52	36,50
36,53	36,55
36,54	36,55
36,55	36,55
36,56	36,55
36,57	36,55
36,58	36,60
36,59	36,60
36,60	36,60

Woran erkenne ich ein gutes Kinderwunschzentrum?

➤ Die Adressen aller Kinderwunschzentren finden Sie auf unserer Internet-Seite (www.MeinKinderwunsch.de), außerdem auch unter www.fertinet.de oder www.kinderwunsch.de. Der Bundesverband der Reproduktionsmedizinischen Zentren (BRZ) gibt ebenfalls eine Liste der Kinderwunschzentren in Deutschland heraus (Adresse siehe Seite 180).
Achtung: Es handelt sich dabei um einen freiwilligen Zusammenschluss von Kinderwunschzentren. Nicht alle Zentren sind darin automatisch Mitglied.

Natürlich ist es für Patienten schwer, die Qualität eines Kinderwunschzentrums zu beurteilen. Alle IVF-Zentren in Deutschland unterliegen der berufsständischen Ordnung der jeweils zuständigen Ärztekammer. Diese regelt die Voraussetzungen in Bezug auf die fachliche Kompetenz, die räumlichen Bedingungen und die medizintechnische Ausstattung. Zudem nehmen fast alle diese Zentren an externen Qualitätssicherungsmaßnahmen teil (zum Beispiel Eintrag im Deutschen IVF-Register, DIR).

Entscheidend für Sie als Patienten können auch folgende Punkte sein:

1. Die Terminvergabe:
- Bekomme ich schnell einen Termin?
- Wie lange muss ich warten?
- Nimmt sich der Arzt ausreichend Zeit für mich?

2. Betreuung:
- Habe ich einen Arzt als persönlichen Ansprechpartner, der meine Behandlung durchführt, oder wechselt mein Arzt ständig?

3. Strategie:

- Werde ich aktiv in therapeutische Entscheidungen mit einbezogen, die auch meine persönliche Situation berücksichtigen?
- Werden mir ausreichend Alternativen dargestellt?

4. Praxis und Personal:

- Ist das Praxispersonal freundlich und wird stets die nötige Diskretion gewahrt?
- Kann ich bei telefonischen Rücksprachen problemlos meinen behandelnden Arzt erreichen und werde nicht abgewimmelt?

5. Erfolgreiche Arbeit:

- Hierzu eine wichtige Anmerkung: Alle von der Kinderwunschpraxis angegebenen Schwangerschaftsraten sollten vorsichtig interpretiert werden. Die Basis, auf der sie ermittelt wurden, können sehr unterschiedlich sein. Die ehrlichsten – und am besten vergleichbaren – Ergebnisse kennt zurzeit nur das Deutsche IVF-Register. Fragen Sie Ihren behandelnden Arzt nach den individuellen Ergebnissen seines Zentrums. Wichtig sind vor allem folgende Fragen:
- Bezieht sich die Schwangerschaftsrate auf jeden begonnenen Zyklus oder aber auf die Follikelpunktion oder gar den Embryotransfer?
- Bezieht sie sich auf alle Altersgruppen oder nur auf eine bestimmte?

Ganz entscheidend ist, ob Sie Vertrauen zu Ihrem persönlichen Ansprechpartner und dem Kinderwunschzentrum insgesamt gewinnen können. Über das Zentrum und die dort tätigen Ärzte können Sie sich vielleicht mit anderen Kinderwunschpaaren austauschen, teilweise auch in verschiedenen Foren des Internets (Links siehe Seite 184). Dabei sollten Sie aber einzelne Meinungen nicht überbewerten, sondern versuchen, sich ein eigenes Bild zu machen.

Auch Ihr Frauenarzt kann Sie bei Ihrer Entscheidung unterstützen, da er die Zentren in seiner Nähe wahrscheinlich kennt. Er wird Ihnen helfen, ein geeignetes Zentrum auszuwählen, und Sie beraten, ob in Ihrem Fall eine Praxis oder eine Klinik besser geeignet ist – zum Beispiel, wenn Risiken oder Komplikationen vorliegen.

Tipp: Das Kinderwunschzentrum sollte möglichst in Ihrer Nähe liegen, da lange Fahrtzeiten zusätzlich Stress bedeuten.

Eine operative Maßnahme ist nötig. Wann ist Laparoskopie (Knopflochchirurgie), wann Mikrochirurgie zu empfehlen?

➤ Viele Veränderungen können mit beiden Techniken behandelt werden. Allerdings wird heute die Laparoskopie bevorzugt, da sie aufgrund des wesentlich kleineren Zugangs die Frau weniger belastet. Besonders gut geeignet ist die Knopflochchirurgie bei Verwachsungen im Bereich des kleinen Beckens oder Verschlüssen der Eileiter, die eierstocknah (peripher) gelegen sind.

Es gibt jedoch nach wie vor Veränderungen, die nach Ansicht von Spezialisten besser mikrochirurgisch behandelt werden. Dazu gehören Eileiterverschlüsse, die sich sehr nah an der Gebärmutter befinden. Auch wenn eine Eileiterunterbindung oder -verschweißung rückgängig gemacht werden soll, eignet sich dafür ein mikrochirurgischer Eingriff am besten. Eine solche Operation hat – je nach Alter – Erfolgsquoten bis 75 Prozent.

Wie teuer ist die Kinderwunschbehandlung? Was kann ich mir überhaupt leisten?

➤ Von der Weltgesundheitsorganisation wurde der unerfüllte Kinderwunsch als Krankheit definiert. Der Bundesausschuss der Ärzte und Krankenkassen hat gemäß § 27 des 5. Sozialgesetzbuches (SGB 5) Richtlinien erlassen, die Voraussetzungen, Art und Umfang der medizinischen Maßnahmen zum Herbeiführen einer Schwangerschaft für gesetzlich versicherte Patienten bestimmen. Demnach können Inseminationen im Spontanzyklus bis zu 8-mal, Inseminationen nach hormoneller Stimulation bis zu 3-mal, eine künstliche Befruchtung (einschließlich ICSI, siehe ab Seite 137) bis zu 3-mal mit einem Eigenanteil von 50% abgerechnet werden. Die gesetzlichen Krankenkassen zahlen diesen 50-prozentigen Anteil an den Behandlungs- und Medikamentenkosten nur bei Paaren ab einem Mindestalter von 25 Jahren. Dieser Anspruch endet am 40. Geburtstag der Frau oder am 50. Geburtstag des Mannes (Gesundheitssystem-Modernisierungsgesetz 2004).

Maßnahmen zur künstlichen Befruchtung und bei Inseminationen mit hormoneller Überstimulation dürfen zudem nur durchgeführt werden, wenn die Partner miteinander verheiratet sind.

Das Tiefgefrieren von Vorkernstadien (siehe Seite 140) und die Eröffnung der Embryoschale per Laser (»assisted hatching«, siehe Seite 139) können momentan grundsätzlich nicht zu Lasten der gesetzlichen Krankenkassen abgerechnet und müssen daher privat bezahlt werden.

Informieren Sie sich unbedingt vorher!

Die rechtliche und finanzielle Situation im Bereich der Kinderwunschbehandlung ändert sich ständig. Sie ist auch von Land zu Land (in Deutschland teilweise auch in den einzelnen Bundesländern) verschieden. In jedem Falle sollten Sie vor einer geplanten Therapie Ihren Arzt danach fragen, welche Kosten möglicherweise auf Sie zukommen. Er kann Sie ausführlich über die aktuelle rechtliche Situation in Ihrem Land oder Bundesland informieren. Diese Frage ist von großer Bedeutung, da die Kosten oft erheblich sind.

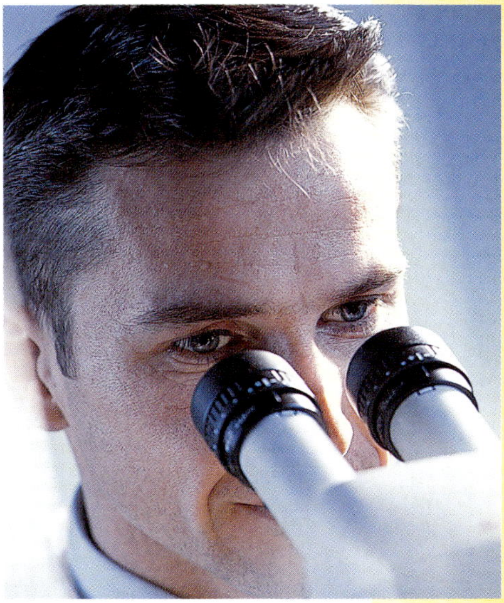

Wer die Kosten der einzelnen Behandlungen trägt, sollte unbedingt vorher abgeklärt werden.

Service-Teil

Was erwartet mich bei einer Kinderwunschbehandlung?

➤ Beim Erstgespräch in einem Kinderwunschzentrum werden Sie in der Regel einem erfahrenen Facharzt und Reproduktionsmediziner, gegebenenfalls auch einem Andrologen vorgestellt. Der Arzt wird zunächst mit Ihnen über Ihre Krankengeschichte sprechen und darüber, was Sie von der Behandlung erwarten. Bringen Sie zu diesem ersten Termin möglichst alle vorhandenen Ergebnisse und Befunde früherer Untersuchungen mit, die bei Ihnen oder Ihrem Partner durchgeführt wurden.
Nach diesem Erstgespräch wird der Sie behandelnde Arzt – falls er Sie nicht selbst kontinuierlich betreuen kann – Ihnen sagen, welche Mitarbeiter in Zukunft Ihre persönlichen Ansprechpartner sein werden. Er wird gemeinsam mit Ihnen einen Diagnostik- und Therapieplan erstellen, da wesentliche Untersuchungen nur zu bestimmten Zykluszeitpunkten möglich sind. Abhängig von Ihrer individuellen Vorgeschichte werden entweder zunächst Hormonuntersuchungen, eine Ultraschalluntersuchung, Abstriche und Verträglichkeitstests durchgeführt – oder es wird die Funktion der Eileiter mittels Ultraschall oder durch eine Bauchspiegelung untersucht. Diese Untersuchungen dienen vor allem dazu, aus der Palette der möglichen reproduktionsmedizinischen Maßnahmen die richtige Behandlung für Sie zu wählen.

Fachärztinnen und -ärzte werden Sie aktiv in die Behandlung einbeziehen.

Wir sind nicht verheiratet. Was nun?

➤ Künstliche Befruchtungen, intratubarer Gametentransfer und intrauterine Insemination nach Stimulation dürfen in Deutschland grundsätzlich nur bei Ehepartnern zur Anwendung kommen (so genanntes homologes System).
Die Anwendung dieser Methoden bei nicht verheirateten Paaren in stabiler Partnerschaft darf in Deutschland nur nach vorherigem Antragan eine ständige Kommission der Ärztekammer durchgeführt werden. In diesem Fall müssen der Kommission eine ärztliche Bescheinigung zur medizinischen Indikation, eine

ausführliche Selbstdarstellung, die die stabile Partnerschaft belegt, sowie ein notarieller Vertrag über die Anerkennung der Vaterschaft und Übernahme der Unterhaltskosten durch den Mann im Falle einer Schwangerschaft vorgelegt werden. Die Anwendung der oben genannten Methoden bei alleinstehenden Frauen oder bei gleichgeschlechtlichen Beziehungen ist zurzeit nicht zulässig.

Mein Arbeitgeber soll nichts erfahren. Was sage ich?

➤ Sie sind nicht verpflichtet, Ihrem Arbeitgeber auf eine entsprechende Frage ehrlich zu antworten, dass Sie sich zurzeit in einer Kinderwunschbehandlung befinden. Sollte Ihnen eine solche Frage – zum Beispiel bei einem Einstellungsgespräch – gestellt werden, dürfen Sie darauf die Unwahrheit sagen, ohne dass Ihnen daraus arbeitsrechtliche Konsequenzen entstehen könnten. Die Frage an sich ist nämlich in diesem Zusammenhang rechtlich nicht zulässig.

Was sage ich meinen Kolleginnen und Kollegen?

➤ Ein besonderes Problem sind die häufigen Arztbesuche eventuell über längere Zeit, die möglicherweise Fragen bei Ihren Kolleginnen oder Kollegen hervorrufen: »Du hast doch hoffentlich nichts Schlimmes?« oder »Wieso musst du denn so oft zum Zahnarzt?« Das sind Fragen, die Sie sicherlich leicht in Verlegenheit bringen könnten. Die Erfahrung hat gezeigt, dass Notlügen und komplizierte Ausreden auf Dauer nicht durchgehalten werden können beziehungsweise Sie sich leicht in Widersprüche verwickeln, was dann Misstrauen bei Ihren Kolleginnen und Kollegen hervorrufen kann. Seien Sie besser auch vertrauten Mitarbeitern gegenüber zurückhaltend und offenbaren Sie sich lieber nicht zu schnell. Belasten kann nämlich auch die Frage: »Na, hat es nun endlich geklappt?«
Bewährt hat sich die Begründung: »Ich habe immer wieder Zysten am Eierstock, und mein Frauenarzt ist sich nicht sicher, ob er noch weiter abwarten kann oder sie operieren muss.« Diese Antwort räumt zwar ein, dass es sich um ein gynäkologisches Problem handelt, lässt aber den wahren Zusammenhang offen. Sie rechtfertigt häufige Arztbesuche und auch die Operation der Zysten.

Service-Teil

Glossar

Abort
Fehlgeburt bis zur 24. Schwangerschaftswoche

Androgene
männliche Hormone

Andrologie
Männerheilkunde

Basaltemperatur
Körpertemperatur, die morgens nach dem Aufwachen, aber vor dem Aufstehen gemessen wird.

β-HCG
Schwangerschaftshormon

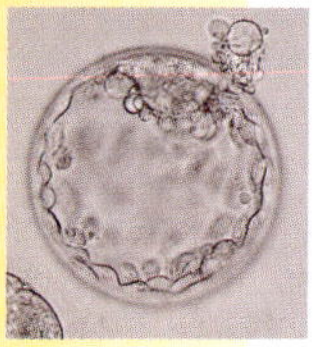

Blastozyste
Embryonalstadium vor der Einnistung

Chlamydien
eine besondere Bakterienart, die häufig die Geschlechtsorgane befällt und dort für chronische Entzündungen sorgen kann

Chromosomen
Träger des genetischen Materials

Corpus luteum
Gelbkörper, der aus den Resten des Follikels nach dem Eisprung entsteht und die weiblichen Geschlechtshormone Progesteron und Östrogen bildet

DHEAS (männliches Geschlechtshormon)
Hormon der Nebennierenrinde

Diagnostik
Untersuchung zur Erkennung von Krankheiten

Downregulation
Verminderung beziehungsweise Verhinderung der Ausschüttung von Steuerhormonen (FSH und LH) aus der Hirnanhangsdrüse (Hypophyse) durch die Gabe von GnRH-Analoga oder durch die Gabe von GnRH-Antagonisten

Eierstockstimulation
Auslösung von Mehrfacheisprüngen

Ejakulation
Samenerguss

Embryo
Bezeichnung für die befruchtete Eizelle nach dem Verschmelzen der Vorkerne bis zum vollendeten 3. Schwangerschaftsmonat

Embryotransfer
Übertragung eines Embryos in die Gebärmutter nach der Befruchtung außerhalb des Körpers

Endokrinologie
Lehre von den Hormonwirkungen

Endometriose
Wachstum von versprengter Gebärmutterschleimhaut außerhalb der Gebärmutter

Extrauteringravidität
Eileiterschwangerschaft, Bauchhöhlenschwangerschaft

Fertilität
Fruchtbarkeit

Follikel
Eibläschen, in dem sich die Eizellen während ihres Wachstums und ihrer Reifung befinden

Follikelpunktion
Entnahme von Eizellen aus den Eierstöcken

Follikelstimulierendes Hormon (FSH)
wird in der Hirnanhangsdrüse gebildet und fördert Wachstum und Entwicklung der Eizellen oder der Samenzellen

Fötus
Bezeichnung des werdenden Lebens im Mutterleib ab dem 4. Schwangerschaftsmonat

FSH → Follikel stimulierendes Hormon

Gameten
Ei- und Samenzellen

Gelbkörper → Corpus luteum

GnRH → Gonadotropin-Releasing-Hormon

GnRH-Agonist
Medikament, das zuerst für die Entleerung der Hirnanhangsdrüse sorgt und dann die weitere Ausschüttung von FSH und LH unterdrückt

GnRH-Antagonist
Medikament, das die Wirkung von GnRH in der Hirnanhangsdrüse blockiert und somit die Ausschüttung von FSH und LH unterdrückt

Gonadotropin-Releasing-Hormon (GnRH)
Hormon des Zwischenhirns, das in der Hypophyse die Freisetzung von FSH und LH bewirkt

Granulosazellen
Keimepithelzellen, Nährzellen der Eizelle, die im Eierstock um die Eizelle herum liegen

HCG → Humanes Chorion-Gonadotropin

Hormone
körpereigene Signalstoffe

Humanes Chorion-Gonadotropin (HCG)
Schwangerschaftshormon, das für die Aufrechterhaltung der Gelbkörperfunktion in den ersten Schwangerschaftswochen sorgt. Medikament, das zur Auslösung des Eisprungs verwendet wird

Hypophyse
Hirnanhangsdrüse, die die Steuerhormone FSH und LH ausschüttet

Hypothalamus
Zwischenhirn; übergeordnete Steuerzentrale des Monatszyklus

ICSI → Intrazytoplasmatische Spermieninjektion

Service-Teil

Implantation
Einnistung des Embryos in die Gebärmutterschleimhaut

Infektion
Entzündung

Infertilität
Unfruchtbarkeit; Unmöglichkeit, schwanger zu werden (siehe auch Sterilität)

Insemination
Einspritzen von Samen in die Scheide oder in die Gebärmutter

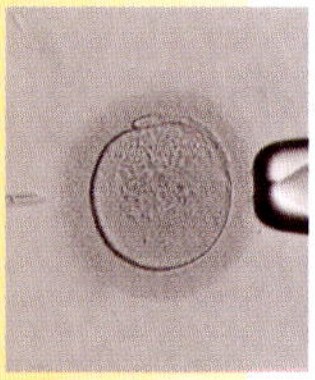

Intrazytoplasmatische Spermieninjektion (ICSI)
Methode der künstlichen Befruchtung, bei der ein Spermium direkt in eine reife Eizelle eingespritzt wird

In-vitro-Fertilisation (IVF)
künstliche Befruchtung, »Reagenzglasbefruchtung«, bei der Eizellen mit Samenzellen des Partners außerhalb des Körpers zusammengebracht werden, um später nach Befruchtung als Embryonen in die Gebärmutter übertragen zu werden

IVF → In-vitro-Fertilisation

Kryokonservierung
Aufbewahrung von Eizellen oder Samenzellen in flüssigem Stickstoff bei –196 °C

Laparoskopie
Bauchspiegelung

LH → Luteinisierendes Hormon

Luteinisierendes Hormon (LH)
wird von der Hirnanhangsdrüse ausgeschüttet und führt zum Eisprung; im Hoden fördert es die Produktion von männlichen Hormonen

Menstruation
Monatsblutung

MESA → Mikrochirurgische-Epididymale-Spermien-Aspiration

Mikrochirurgische epididymale-Spermienaspiration (MESA)
Entnahme von Spermien aus dem Nebenhoden.

Mikroinjektion → Intrazytoplasmatische Spermieninjektion (ICSI)

Myome
gutartige Muskelknoten der Gebärmutter

Östrogene
weibliche Geschlechtshormone, die besonders auf die Gebärmutterschleimhaut, den Gebärmutterhalsschleim und die Brustdrüse wirken

Ovar
Eierstock

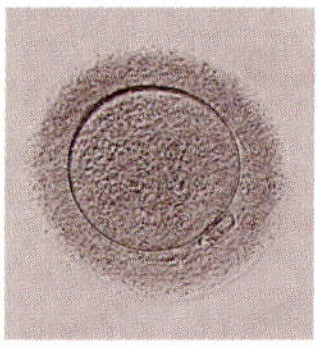

Ovulation
Eisprung

Plazenta (Mutterkuchen)
sorgt für die Ernährung des Kindes (Stoff- und Gasaustausch) und produziert Hormone, die die Schwangerschaft aufrechterhalten

Polkörperchen
überzähliges genetisches Material, das während der Eizellreifung ausgeschleust wird

Polypen
meist gutartige Neubildungen der Gebärmutterschleimhaut

Progesteron (Gelbkörperhormon)
Hormon, das die Gebärmutterschleimhaut auf eine Einnistung und den Erhalt der Schwangerschaft vorbereitet

Prolaktin
Hormon der Hirnanhangsdrüse, das hauptsächlich für die Milchbildung nach der Geburt verantwortlich ist, aber auch den Zyklus beeinflusst

Reproduktion
Fortpflanzung

Spermiogramm
Untersuchungsergebnis, das Anzahl, Beweglichkeit und Form der Spermien angibt und damit Rückschlüsse auf die Fruchtbarkeit des Mannes zulässt

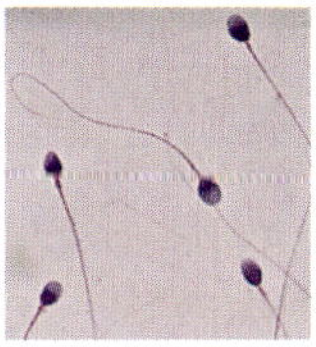

Spermium
männliche Samenzelle

Sterilität
Unfruchtbarkeit; Unmöglichkeit, schwanger zu werden

TESE → Testikuläre Spermienextraktion

Testikuläre Spermienextraktion (TESE)
operative Entnahme von Hodengewebe zur Gewinnung von Spermien

Testosteron
männliches Geschlechtshormon, das an der Samenbildung und -reifung beteiligt ist und auch bei der Frau auf sehr viele Gewebe wirkt

Trophoblast
Mutterkuchengewebe

TSH
Schilddrüsensteuerhormon

Urologie
medizinische Wissenschaft von den Nieren- und Harnwegen sowie den männlichen Geschlechtsorganen

Uterus
Gebärmutter

Varikozele
Krampfader des Hodens

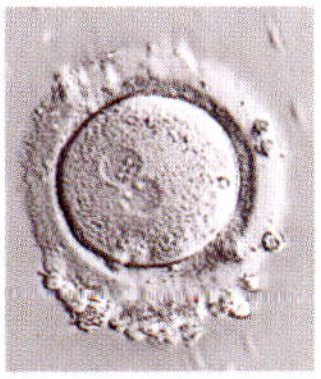

Vorkernstadium
Stadium nach der Befruchtung mit sichtbarem männlichen und weiblichen Zellkern in der Eizelle

Zervixschleim
Gebärmutterhalsschleim

Service-Teil

Störungen/Besonderheiten																							
	Messzeit																						
Mittelschmerz	37,5																						
Brustsymptom	37,4																						
	37,3																						
	37,2																						
	37,1																						
S-Abkürzung	**37,0**																						
Basaltemperatur	36,9																						
	36,8																						
	36,7																						
	36,6																						
	36,5																						
	36,4																						
	36,3																						
	36,2																						
	36,1																						
	36,0																						
	Zyklustag	1	2	3	4	5	6	7	8	9	10	11	12	13	14	15	16	17	18	19	20	21	
Datum																							
Schleim	Blutung																						
	Empfinden/Fühlen																						
	Aussehen																						
Gebär-mutter-hals	Lage und Öffnung																						
	Festigkeit																						
	Koitus/Verkehr																						
	Fruchtbare Tage																						
	LH-Test																						
	Medizinische Befunde																						

22	23	24	25	26	27	28	29	30	31	32	33	34	35	36	37	38	39	40

Zyklusnummer:

Messweise:

- ☐ After
- ☐ Scheide
- ☐ Mund

Zyklusblatt
aus: Freundl, Prof. Dr. G., Gnoth, Dr. C., Frank-Herrmann, Dr. P.: *Kinderwunsch. Neue Wege zum Wunschkind;* Gräfe und Unzer Verlag
ISBN: 3-7742-6270-5

Service-Teil

Adressen, die weiterhelfen

Deutschland:

Unter den folgenden drei Adressen können Sie Kontakt zu den Autoren dieses Buches aufnehmen. Sie bekommen kompetente Informationen zur modernen Kinderwunschbehandlung, zum aktuellen wissenschaftlichen Stand der NFP sowie zu neuen Technologien:

Kinderwunschsprechstunde, endokrinologische Sprechstunde und Studienzentrum NFP an den städtischen Kliniken Düsseldorf GmbH
Krankenhaus Benrath, Frauenklinik
Urdenbacher Allee 83
40593 Düsseldorf
www.kliniken-duesseldorf.de

Zentrum für Familienplanung, Endokrinologie & Reproduktionsmedizin der GMP Tigges/Friol/Gnoth
Dr. med. Christian Gnoth
Rheydter Str. 143
41515 Grevenbroich
Tel.: 021 81/491 50

Malteser Arbeitsgruppe NFP
Kalker Hauptstraße 22–24
51103 Köln
Die Arbeitsgruppe bietet bundesweit kompetente Beratung zur Natürlichen Familienplanung, gutes Informationsmaterial sowie Einführungskurse für Frauen und Paare unter der Anleitung ausgebildeter Beraterinnen und Berater.

Abteilung für Gynäkologische Endokrinologie und Fertilitätsstörungen, Zyklus- und NFP-Sprechstunde, Hormonambulanz der Frauenklinik der Universität Heidelberg
Voßstraße 9
69115 Heidelberg
Kinderwunschsprechstunde, endokrinologische Ambulanz und qualifizierte Sprechstunde zu NFP und Körperwahrnehmung in Verbindung mit Kinderwunsch, Verhütung und Zyklusproblemen in allen Lebensphasen.

Bundesärztekammer
Herbert-Lewin-Straße 1
50931 Köln
Tel.: 02 21/4 00 40
Die Bundesärztekammer informiert Sie über die aktuellen Adressen der Ärzte und Kliniken, die die künstliche Befruchtung durchführen. Hier erhalten Sie auch die Adressen
– der genetischen Beratungsstellen,
– von auf männliche Unfruchtbarkeit spezialisierten Andrologen und
– eingetragener und zur Kassenabrechnung zugelassener Psychotherapeuten.

Bundesverband Reproduktionsmedizinischer Zentren
Dudweilerstraße 58
66111 Saarbrücken
Tel.: 06 81/37 35 51

Wunschkind e.V.
Fehrbelliner Straße 92
10119 Berlin
Adressen von Selbsthilfegruppen für ungewollt Kinderlose.

Deutscher Kinderschutzbund
Schiffgraben 29
30159 Hannover
Informationen zu rechtlichen Fragen rund um Familie, Kinder und Elternsein.

Bundesverband für Eltern, Pflegeeltern und Tagesmütter e.V.
Witzfeldstraße 17
40667 Meerbusch
Hier erhalten Sie Informationen zur Adoption und zur Aufnahme von Pflegekindern.

Beratung bei partnerschaftlichen und familiären Problemen und Lebenskrisen

Katholische Bundesarbeitsgemeinschaft Geschäftsstelle Ehe-, Familien-, Lebensberatung und Telefonseelsorge
Kaiserstraße 163
53113 Bonn

Geschäftsstelle Erziehungsberatung
Karlstraße 40
79104 Freiburg

Bundeskonferenz für Erziehungsberatung
Herrnstraße 53
90763 Fürth

Sozialdienst Katholischer Frauen SKF e.V. Köln
Escher Straße 158
50739 Köln

Evangelische Aktionsgemeinschaft für Familienfragen
Meckenheimer Allee 162
53115 Bonn

Evangelische Konferenz für Familien- und Lebensberatung e.V.
Schönhauser Allee 141
10437 Berlin

Pro Familia
Stresemannallee 3
60596 Frankfurt

Informationen für Frauen

Dachverband der Frauengesundheitszentren
Goetheallee 9
37073 Göttingen

Mütterzentren – Bundesverband e.V.
Müggenkampstraße 30a
20257 Hamburg

Informationen und Beistand bei einer Fehlgeburt

Initiative Regenbogen – Glücklose Schwangerschaft e.V.
Burgstraße 6
73614 Schorndorf

Schweiz

Verbindung der Schweizer Ärztinnen und Ärzte
Elfenstr. 18
CH-3000 Bern 16
Hier werden Ihre Fragen zur Behandlung eines unerfüllten Kinderwunsches in der Schweiz beantwortet. Sie erfahren außerdem, wo Sie nähere Informationen zu verschiedenen Themen bekommen können.

Österreich

Österreichische Ärztekammer
Weihburggasse 10–12
A-1010 Wien
Bei der Ärztekammer bekommen Sie Auskunft zu allen Fragen rund um die Behandlung eines unerfüllten Kinderwunsches in Österreich, oder Sie erfahren, wo Sie nähere Informationen zu verschiedenen Themen bekommen können.

Weitere Ärztekammern im deutschsprachigen Ausland

Liechtenstein:
Liechtensteinischer Ärzteverein
Zwischenbäch 12
FL-9496 Balzers

Luxemburg:
Association des Médecins et Médecins Dentistes (AMMD)
29, rue des Vianden
L-2880 Luxemburg

Südtirol:
Federazione Nazionale degli Ordini dei Medici Chirurghi e degli Odontoiatri (FNOMCEO)
Piazza Cola di Rienzo 80/A
I-00192 Rom

Herstelleradressen (Zykluscomputer)

Babycomp/Ladycomp/Pearly
Valley Electronics GmbH
82438 Eschenlohe
www.valley-electronics.de

Cyclotest 2 Plus
Uebe GmbH
Zum Ottersberg 9
97877 Wertheim
www.cyclotest.de

Bioself -SymptoTherm
Selfcare GmbH
Keltenring 8
82041 Oberhaching
www.bioself.com

PERSONA/CLEARPLAN
Unipath Diagnostics GmbH
An Lyskirchen 14
50676 Köln
www.meinpersona.de

Bücher, die weiterhelfen

Weitere Bücher zum Thema Kinderwunsch

Wenn das Wunschkind ausbleibt. Ursachen, Diagnose und Behandlungsmöglichkeiten. Thomas Strowitzki. Hüthig-Verlag

Wir wollen ein Kind! Unfruchtbarkeit: Ursachen und Behandlung. Christina Thöne, Thomas Rabe. dtv

Informationen zur Natürlichen Familienplanung

Natürlich und sicher. Natürliche Familienplanung – Ein Leitfaden. Arbeitsgruppe NFP. Trias Verlag
Ausführliche Informationen zur Natürlichen Familienplanung.

Natürlich und sicher – Arbeitsheft. Arbeitsgruppe NFP. Ehrenwirth Verlag
Zahlreiche Zyklusbeispiele und Übungszyklen.

Klinische Endokrinologie für Frauenärzte. Freimut Leidenberger, Thomas Strowitzki, Olaf Ortmann. Springer Verlag
Aktuelles Wissen für Ärzte, Berater und Personen, die sich intensiver mit dem Thema Natürliche Familienplanung beschäftigen möchten.

Fruchtbarkeit im Gespräch. Arbeitsgruppe NFP. Ehrenwirth Verlag
Materialien zur Ausbildung von Krankenschwestern und Hebammen.

Zu seelischen Hintergründen der Unfruchtbarkeit

Wenn die Seele nein sagt. Vom Mythos der Unfruchtbarkeit. Ute Auhagen-Stephanos. Rowohlt-Verlag

Wenn Paare ohne Kinder bleiben. Seelische Entwicklungen – neue Perspektiven. Gisela Zeller-Steinbrich. Herder-Verlag

Homöopathie

Homöopathie (Der große GU-Ratgeber). Werner Stumpf. Gräfe und Unzer Verlag
Das umfassende Standardwerk zum Thema: sanfte Selbsthilfe bei Beschwerden und Erkrankungen von Kopf bis Fuß – einfach und wirkungsvoll.

Körperliche und seelische Entspannung

Autogenes Training. Prof. Dr. med. Dietrich Langen. Gräfe und Unzer Verlag
Dieser Grundkurs ermöglicht es, das autogene Training zu erlernen und zur wirkungsvollen Entspannung anzuwenden.

Das große Yoga-Buch. Anna Trökes. Gräfe und Unzer Verlag
Wer Yoga praktiziert, hält sich gesund, wird beweglicher, fühlt sich vitaler, ausgeglichener und gelassener – ein modernes Übungsbuch für Anfänger und Fortgeschrittene.

Service-Teil

Massagen – Wohltat für Körper und Seele. Karin Schutt. Gräfe und Unzer Verlag
Grundkurs Massage und Tipps für die sanfte Hilfe bei Alltagsbeschwerden.

Muskelentspannung nach Jacobson. Wilhelm Johnen. Gräfe und Unzer Verlag
Das Buch vermittelt das Basisprogramm der Methode. Einfache Übungen für den Berufsalltag, für zu Hause oder unterwegs.

Reflexzonen-Massage. Dr. Franz Wagner. Gräfe und Unzer Verlag
Einführungskurs in die wohltuende Massage der Hand- und Fußreflexzonen: körperliche und seelische Beschwerden gezielt behandeln.

Relax. Carolin Lockstein, Susanne Faust. Gräfe und Unzer Verlag
Die besten Rezepte zum Entspannen – einfach und effektiv. Enthält Verwöhnprogramme für Wellness-Tage und -Wochenenden.

Lebenskunst

Das Bumerang-Prinzip: Mehr Zeit fürs Glück. Lothar Seiwert. Gräfe und Unzer Verlag
Arbeit, Freizeit und Familie: Bringen Sie Ihr Leben in Balance mit typgerechten Lebens-Management-Strategien und den besten Tipps aus den Bereichen Gesundheit, Psychologie und Ernährung.

Das Bumerang-Prinzip: Don't hurry, be happy. In 5 Schritten zum Lebenskünstler. Lothar Seiwert. Gräfe und Unzer Verlag
Geizen Sie mit Lebensenerie, werfen Sie Ballast ab, entschleunigen Sie, gewinnen Sie Zeit für's Wesentliche. Und schließlich: seien Sie mal wieder so richtig faul – aber ohne schlechtes Gewissen!

Salto vitale. In 24 Stunden in ein neues Leben starten. Marion Grillparzer. Gräfe und Unzer Verlag
In nur zweimal zwölf Stunden erhalten Sie die Impulse, die Ihr Leben entscheidend verändern können: zu mehr Lebenslust & Power, mehr Fitness & Gesundheit, mehr Leichtigkeit.

Vier Stresstypen und vier Wege zur Gelassenheit. Dr. med. Wilhelm Schmidt-Bode. Gräfe und Unzer Verlag
Stress ist Typsache, jeder Mensch reagiert anders: Finden Sie heraus, welcher Stresstyp Sie sind, was Sie persönlich brauchen, und wie Sie sich selbst am besten helfen können – ganz individuell und typgerecht.

Sexualität

Basics for Lovers. Alexandra Berger, Andrea Ketterer. Gräfe und Unzer Verlag
Alles, worauf es bei der großen Liebe ankommt – mit tollen Tipps für guten Sex und romantische Stunden. Und: die 12 Geheimnisse des ewigen Liebesglücks.

Sex. Lust, Leidenschaft, Ekstase. Anne Hooper. Gräfe und Unzer Verlag
Dieser einzigartige Sex-Ratgeber regt auf vielfältige Weise dazu an, die eigenen sexuellen Wünsche zu entdecken und so den individuellen Weg zu mehr Freude, Befriedigung und Erfüllung beim Sex zu finden.

Rund um die Gesundheit

Forever young. Das Ernährungsprogramm. Dr. med. Ulrich Strunz. Gräfe und Unzer Verlag
Sich fit und jung zu halten – mit ausreichend Bewegung und der richtigen Ernährung ist das möglich. Wie Sie optimal essen, um leistungsfähig, gesund und schlank zu werden und zu bleiben.

Laborwerte – klar und verständlich. Prof. Dr. med. Hans Peter Seelig, Marion Meiners. Gräfe und Unzer Verlag
Ärztelatein entziffern, medizinische Befunde verstehen: Sie finden wichtige Referenzwerte im Überblick und erfahren, was Sie bei kritischen Werten selbst tun können.

Frühgeburten

Hoffnung für eine Handvoll Leben. Heidi Rinnhofer. Rowohlt Taschenbuch-Verlag

Mehrlinge

Guter Rat für Zwillings-Eltern. Doro Kammerer. Mosaik-Verlag

Zum Thema Fehl- oder Totgeburten

Gute Hoffnung – Jähes Ende. Hannah Lothrop. Kösel-Verlag

Wenn es »geklappt« hat: Schwangerschaft und Geburt

Schwangerschaft und Geburt. Monat für Monat bewusst erleben. Ines Albrecht-Engel, Manfred Albrecht. Gräfe und Unzer Verlag
Alles Wissenswerte über die Entwicklung des Ungeborenen, Schwangerschaft und Geburt. Der Ratgeber enthält einfühlsame Tipps und Hinweise sowie Informationen aus der Schul- und Alternativmedizin.

Schwangerschaft und Geburt. Birgit Gebauer-Sesterhenn, Dr. med. Thomas Villinger. Gräfe und Unzer Verlag
Der umfassende Ratgeber zum Thema Schwangerschaft und Geburt: Untersuchungsmethoden, Schwangerschaftsbeschwerden, Ernährung, Schönheitspflege, Geburtsvorbereitung und Wochenbett.

Stillen. So versorgen Sie Ihr Baby rundum gut. Marta Guóth-Gumberger, Elisabeth Hormann. Gräfe und Unzer Verlag
Ausführliche Antworten auf praktische Fragen rund ums Stillen, hilfreiche Tipps für den Stillstart, für eine schöne Stillzeit und das Abstillen. Und Rat und Hilfe, wenn es nicht auf Anhieb klappt.

Service-Teil

Weiterführende Fachbücher

Kinderwunsch: Möglichkeiten, Erfüllbarkeit und Machbarkeit im neuen Jahrtausend. Franz Fischl. Krause & Pachernegg GmbH Verlag

Gynäkologische Endokrinologie für die Praxis. Günter Freundl, Jürgen Tigges. Fischer Verlag

Endokrinologie, Reproduktionsmedizin, Andrologie. In: Praxis der Frauenheilkunde. Christoph Keck, Joseph Neulen, Meinert Breckwoldt. Georg Thieme Verlag

Klinische Endokrinologie für Frauenärzte. Freimut Leidenberger, Thomas Strowitzki, Olaf Ortmann. Springer-Verlag

Andrologie: Grundlagen und Klinik der reproduktiven Gesundheit des Mannes. Eberhard Nieschlag, Hermann Behre. Springer-Verlag

Gynäkologische Endokrinologie und Fortpflanzungsmedizin. Band 1 und 2, Benno Runnebaum, Thomas Rabe. Springer-Verlag

Unerfüllter Kinderwunsch. C. Schirren, M. Balkenohl, W. Engel, G. Freundl, V. Frick-Bruder, G. Haidl, W.-B. Schill, W. Weidner, W. Weißauer. Deutscher Ärzteverlag

Ungewollte Kinderlosigkeit. Diagnostik und Therapie von Fertilitätsstörungen. Thomas Strowitzki. Fischer-Verlag

Internet-Adressen, die weiterhelfen

Expertensprechstunde zum Buch

www.MeinKinderwunsch.de
Mit Diskussionsforum für Betroffene.

Internet-Adressen zur Natürlichen Familienplanung

www.natuerliche-familienplanung.de

www.uni-duesseldorf.de/NFP

Weiteres zum Thema Kinderwunsch

www.fertinet.de
Umfangreiche Informationen von der Firma Serono.

www.isg-info.de
Internet-Adresse des Informationszentrums für Sexualität und Gesundheit (ISG).

www.repromed.de
Internet-Auftritt des Bundesverbandes Reproduktionsmedizinscher Zentren.

www.Kinderwunsch.de
Ausführliche medizinische Informationen zur Kinderwunschtherapie von der Firma Organon.

www.wunschkind.de
Verein der Selbsthilfegruppen für Fragen zur ungewollten Kinderlosigkeit.

www.eumom.com
Die Internet-Seite zu Schwangerschaft und Geburt.

Adoption

www.paritaet.org/rps/wopak/bundesv.htm

www.moses-online.org

www.adoption.de

Adoption ausländischer Kinder, Adoptionen im Ausland

www.auswaertiges-amt.de/3-auspol/12/3-12-4d.htm

www.bveaa.de

Register

Impressum

Zu den Autoren

Prof. Dr. med. Günter Freundl ist Facharzt für Frauenheilkunde und Geburtshilfe und Leiter der Abteilung für gynäkologische Endokrinologie und Reproduktionsmedizin. Prof. Freundl hat bereits mehrere Fachbücher und -publikationen zur Sterilitätstherapie, Natürlichen Familienplanung (NFP) und Endokrinologie verfaßt. Er ist verheiratet und Vater von drei Kindern.

Dr. med. Christian Gnoth ist Facharzt für Frauenheilkunde und Geburtshilfe, gynäkologische Endokrinologie und Reproduktionsmedizin. Er ist ebenfalls Autor zahlreicher Fachpublikationen auf dem Gebiet der Sterilitätstherapie, NFP und Endokrinologie. Dr. Gnoth ist verheiratet und Vater eines Kindes.

Dr. med. Petra Frank-Herrmann promovierte über NFP, ist Fachärztin für Frauenheilkunde und Geburtshilfe, und Mitglied der Welt-Gesundheitsorganisation (WHO) für den Bereich der natürlichen Regulierung der Fruchtbarkeit. Sie schrieb bereits ein Fachbuch sowie zahlreiche Fachpublikationen über dieses Thema. Frau Dr. Frank-Herrmann ist verheiratet und hat zwei Kinder.

Dank

Die Autoren bedanken sich für Beratung und Unterstützung bei Elisabeth Halbe (Diplom-Biologin), Silvia Heil (NFP Projekt-Koordinatorin), Professor Norbert Hofmann (Mitautor des andrologischen Teils) sowie Dr. Annette Klose (Psychotherapeutin), die den psychosomatischen Teil großteils verfasst hat. Für ihre kompetente Hilfe bedanken wir uns weiterhin bei Dr. Ursula Sottong und den Maltesern, bei Dr. Siegfried Baur, Ursula-Pelzer-Bohr (Psychologin) sowie Dr. Elisabeth Raith-Paula. Weiterhin bedanken wir uns bei unseren Familien, die unter der »Geburt« eines derartigen Buches immer mitleiden.

Nicht zuletzt geht unser Dank für die journalistische und redaktionelle Aufbereitung des Werkes an Anke Sparmann, Ina Raki sowie Reinhard Brendli.

Redaktion: Reinhard Brendli
Lektorat: Ina Raki

Fotos: Bavaria: vordere Umschlagseite, S. 1, 2, 59, 90, 95, 150; Baby Walz: S. 3, 151; Focus: S. 6, 18, 23, 67, 73, 77, 80, 96, 102, 104, 109, 110, 116, 130, 135, 138, 139, 140, hintere Umschlagseite (u.); Dr. Christian Gnoth: 111, 117; Dr. Christian Gnoth/Elisabeth Halbe: S. 58, 173, 175, 176; Andreas Hosch: S. 126; Image Bank: S. 75, 101; Manfred Jahreis: S. 65; Michael Leis: S. 60; Mauritius: S. 5, 7, 8, 15, 84, 92 (o.), 93, 115, 120, 123, 125, 129, 131, 133, 149, 152, 157, 158, 171, 172; Okapia: S. 17, 99; Anna Peisl: S. 98; Photonica: S. 4 (u.), 11, 13, 136, 146, hintere Umschlagseite (o.); Pro Fam: S. 32; Thomas von Salomon: S. 168; Reiner Schmitz: S. 4 (o.), 9, 25, 38, 51-55, 92 (u.), hintere Umschlagseite (Mitte); The Stock Market: S. 66; Tony Stone: S. 7 (o.), 43, 71, 82, 154, 155, 166; Unipath: S. 119

Illustrationen: Detlef Seidensticker

Umschlaggestaltung: independent Medien-Design
Innenlayout: Carsten Tschirner
Herstellung: Maike Harmeier
Satz: Johannes Kojer
Lithos: w&co. Mediaservices
Druck und Bindung: L. Auer, Donauwörth

ISBN (10) 3-7742-6270-5
ISBN (13) 978-3-7742-6270-6

Auflage 5. 4.
Jahr 2005

Umwelthinweis

Dieses Buch wurde auf chlorfrei gebleichtem Papier gedruckt. Um Rohstoffe zu sparen, haben wir auf Folienverpackung verzichtet.

GRÄFE UND UNZER

Ein Unternehmen der
GANSKE VERLAGSGRUPPE

Wichtiger Hinweis

Die Gedanken, Methoden und Anregungen in diesem Buch stellen die Meinung beziehungsweise Erfahrung der Verfasser dar. Sie wurden von den Autoren nach bestem Wissen erstellt und mit größtmöglicher Sorgfalt geprüft. Sie bieten jedoch keinesfalls Ersatz für kompetenten medizinischen Rat. Jede Leserin, jeder Leser sollte für das eigene Tun und Lassen auch weiterhin selbst verantwortlich sein.

Weder Autoren noch Verlag können für eventuelle Nachteile oder Schäden, die aus den im Buch gegebenen praktischen Hinweisen resultieren, eine Haftung übernehmen.

DAS ORIGINAL · GU · MIT GARANTIE

Das Original mit Garantie

Ihre Meinung ist uns wichtig. Deshalb möchten wir Ihre Kritik, gerne aber auch Ihr Lob erfahren. Um als führender Ratgeberverlag für Sie noch besser zu werden. Darum: Schreiben Sie uns! Wir freuen uns auf Ihre Post und wünschen Ihnen viel Spaß mit Ihrem GU-Ratgeber.

Unsere Garantie: Sollte ein GU-Ratgeber einmal einen Fehler enthalten, schicken Sie uns das Buch mit einem kleinen Hinweis und der Quittung innerhalb von sechs Monaten nach dem Kauf zurück. Wir tauschen Ihnen den GU-Ratgeber gegen einen anderen zum gleichen oder ähnlichen Thema um.

GRÄFE UND UNZER VERLAG
Redaktion Partnerschaft & Familie
Postfach 86 03 25
81630 München
Fax: 0 89/4 19 81-1 13
E-Mail: leserservice@graefe-und-unzer.de